图解建筑知识问答系列

建筑的数学与物理

[日] 原口秀昭 著
潘嵩 蒋芳婧 谢静超 王新如 译
肖晓静 校

中国建筑工业出版社

著作权合同登记图字：01-2012-0892号

图书在版编目（CIP）数据

建筑的数学与物理 /（日）原口秀昭著；潘嵩等译.
北京：中国建筑工业出版社，2017.9（2024.7重印）
（图解建筑知识问答系列）
ISBN 978-7-112-21080-0

Ⅰ.①建… Ⅱ.①原…②潘… Ⅲ.①数学-应用-建筑科学-问题解答②建筑物理学-问题解答 Ⅳ.①TU12-49②TU11-49

中国版本图书馆CIP数据核字（2017）第190397号

责任编辑：白玉美 刘文昕 率 琦
责任校对：李欣慰 焦 乐

图解建筑知识问答系列
建筑的数学与物理
[日] 原口秀昭 著
潘嵩 蒋芳婧 谢静超 王新如 译
肖晓静 校
*
中国建筑工业出版社出版、发行（北京海淀三里河路9号）
各地新华书店、建筑书店经销
北京嘉泰利德制版
建工社（河北）印刷有限公司印刷
*
开本：787×1092毫米 1/32 印张：8½ 字数：190千字
2018年4月第一版 2024年7月第五次印刷
定价：35.00元
ISBN 978-7-112-21080-0
（30722）

序言

什么是牛顿？什么是焦耳？重量和质量不一样吗？kgf和kg有什么不同？log是什么意思？向量在什么时候发挥作用？微积分用来做什么？为什么需要弧度和立体角？

待在大学的研究室时，就会有很多学生跑来问这样的基本问题。虽然并不讲授结构力学或者环境工学，但是有不少学生的数学、物理、化学等理科的基本功不扎实，令我很困惑。每次被询问时，我都不吝时间进行了解释说明，但是不断地被问到同样的问题，次数如此之多，令我有一段时期苦恼不已——为什么会这样呢？

于是，我开始在互联网的博客里，每天都写一点儿基础知识的解说，然后让学生每天都去阅读。这样的话，就不用一遍又一遍地去解释什么是牛顿、什么是焦耳了。

（博客：http://plaza.rakuten.co.jp/haraguti）

可是，问题出来了。只有文字的博客，既枯燥又难以理解，学生们不愿意看。于是，插入了漫画，让人一眼就能明白说明的内容。刚开始只是像乱涂乱画似的示意图，随着时间的推移逐渐成为正规的图画。我曾经在名为漫画塾的一所专科学校学习过好几年，画过一些漫画，于是考虑把它用来帮助学生的理解。

彰国社的中神和彦先生，看到了我为学生写的博客后，对我说出本书不好吗。这是本书得以出版的契机。因为他听说，不只是我所在的大学，其他大学的工学部建筑学科以及专科学校，也有很多学生的数学和物理不好。虽然想做设计，可是对理科的知识没有自信，这样的人似乎出人意料的多。

顺便说说，我认识的某位建筑师，也因为不懂牛顿的含义而令我大吃一惊。随着向国际单位体系（SI）的转变，混凝土强度的表示也从kg/cm^2变为N/mm^2，可是如果不懂得N（牛顿）的意义，那就会在不理解强度的情况下把楼宇建造出来。从这个意义而言，本书对于实际工作人员也一定会有所帮助。

本书讲述的顺序，同建筑学习及考试等紧密相连。首先从牛顿、焦耳的学习开始。在这个部分，概念模糊的人非常多。为了弄懂牛顿，必须明白运动方程式。接下来，有必要理解质量和重量的区别。图形的知识，微积分的知识，一般而言，用途很广的同时，距离实践有些远。所以，对于那样的一般论的数学，放到后面讲述。对于讨厌从一般论开始大学授课的读者，或者记得高中曾经学过却又忘得一干二净的读者而言，我有自信本书的内容正是他们所需要的。

通过从头开始阅读本书，数学和物理的基本知识，顺便包括少量的化学知识也能学得到。而且本书是按照有助于建筑知识的学习和考试来进行总结编写的。其中对于建筑而言特别重要的事项，不厌其烦地进行了一遍又一遍的说明。

每个单元，约需3分钟读完，按照能够记住为原则，安排了适量的内容。每个单元相当于拳击的1R（round，回合，在本文中表示为R1等），这是为了让学生可以不觉厌倦地持续读下去。大脑和身体一样，真正能够集中的就3分钟。按照每3分钟1R的进度阅读本书的话，相信很短的时间里就能够掌握数学、物理的基本知识。那么，就让我们从第一回合开始吧！

编辑本书的中神先生建议我把博客的内容编写成书，并对本书进行了编辑，尾关惠女士担任了助手一职，学生们提出了很多问题，还承担了复印等杂务，借此机会对他们表示感谢。

原口秀昭
2006年11月

目录

图解建筑知识问答系列

建筑的数学与物理

Q 什么是运动方程式?

▼

A 力 = 质量 × 加速度（F=ma）

为了理解牛顿、kgf（kilogram force）、焦耳等单位，从运动方程式开始是很好的办法。如下式所示，运动方程式是表示力、质量和加速度关系的式子。

力 = 质量 × 加速度

如果力用 F（Force），质量用 m（mass），加速度用 a（acceleration）表示的话，

$F=ma$

成立。所谓力，就是将质量乘上加速度所得。虽然这是高中物理的学习内容，如果有谁忘记了，或者以前不知道这个公式，那就让我们在这里一起记一下吧。

力 = 质量 × 加速度

$F=m\times a$

Q 质量是什么?

▼

A 表示运动困难程度、加速困难程度的物理量。

在运动方程式中，力等于质量 X 加速度。如果质量很大，为了给予物体相同的加速度，就需要更大的力。在给予 1kg 的物体和 2kg 的物体相同的加速度时，2kg 的物体需要 2 倍的力。

换言之，我们可以说“所谓质量，就是表示运动困难程度的物理量”。

Q 把 3kg 的物体拿到月球上，它的质量和重力是多少?

▼

A 质量相同，重量变轻了。

3kg 的物体的质量，无论是在地球还是在月球都是 3kg。就算重力变了，质量还是保持不变。另一方面，重量在地球和月球上是不一样的。这是因为在月球上的重力大约是地球上的 1/6。

一般来说，质量为 3kg 的物体的重量，表达为“3kgf”或“3kg 重”，以便和质量的 3kg 区分开来。但是，很多时候，虽然想表示的是重量，“f”和“重”却被省略，导致和质量的 3kg 混为一谈。

所谓“3kgf”和“3kg 重”，是指“3kg”质量的物体的重量，也就是指**地球对质量为 3kg 的物体的吸引力**。说到重量，它是一种力，和质量是不一样的。

如果把 3kg 的物体拿到月球上去，因为月球的引力比较弱，所以其重量和在地球上测得的 3kgf 相比要小。在地球上用弹簧秤测得的 3kgf 的物体重量，在月球上用同一个弹簧秤进行测量的话，其数值比 3 要小，大约变成 0.5kgf 左右。这是因为月球比地球要小，导致月球的引力也小。

Q 质量和重量的单位是什么?

▼

A 质量的单位是 kg、g、t 等。重量的单位是 kgf、kg 重、gf、g 重、tf、t 重等。

重量是地球的引力，所以要和质量区分开来。质量 1kg 的物体的重量是 1kgf 或者 1kg 重，要像这样添上 f 或重来表示。

质量→kg、g、t等

重量=力→kgf、kg重等

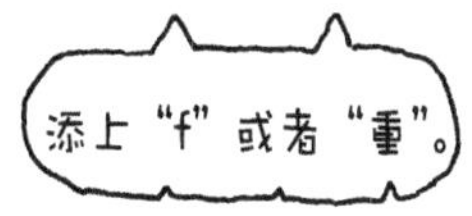

Q 质量和重量有什么不同呢?

▼

A 所谓质量，是运动困难程度的单位、加速困难程度的单位、惯性的单位。所谓重量，是地球引力、引力、重力的单位。

说苹果是 100g 时，表示它的质量是 100g。所谓质量，是表示运动困难程度的单位。运动困难，就是指给予物体加速度困难。和 50g 的苹果相比，为了给予 100g 的苹果相同的加速度则需要 2 倍的力。加在质量 100g 的苹果上的重量，写成 100gf（gram force）或 100g 重（gram 重）以示区别。重量是力，重量 = 地球的引力 = 重力。在地球上，质量 100g 的苹果的重量是 100gf 或 100g 重。加在质量 100g 的苹果上的重力是 100gf 或 100g 重。

g 是质量的单位，gf、g 重是力的单位。在这里要明确地区别开来记忆啊。

质量 → 100g

重量 → 100gf、100g 重（力的单位）

一般来说，这两者被混淆起来使用的事是时常有的。

所谓 100g 的力，正确说法是 100gf 的力或者 100g 重的力。

苹果的

质量=100g

重量=100gf（100g重）

Q 质量 50kg 的人和质量 100kg 的人同时从空中落下，重力加速度 g 哪个更大呢?

▼

A 两个人的重力加速度 g 都是 $9.8m/s^2$。无论是什么物体，在下落时，它的速度都是按照 $9.8m/s^2$ 的加速度来增加。

重力加速度，如果是在地球上的话，无论什么物体都是 $9.8m/s^2$。但是加速度会根据空气阻力而发生变化。体型大的人受到的空气阻力大，所以加速度一定会变小。另外，和地表的距离不同时，加速度也会有一些不一样。

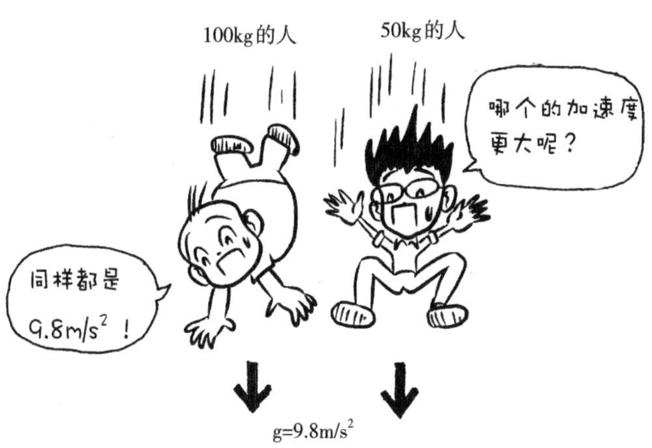

Q 质量 50kg 的人和质量 100kg 的人，哪个人的重量大呢?

▼

A 重量（重力）分别是 50kgf（kg 重）、100kgf（kg 重），质量 100kg 的人的重量是 2 倍大。

所谓重量是重力，是地球引力，和质量成比例。质量是 2 倍的话，重量也会变成 2 倍。

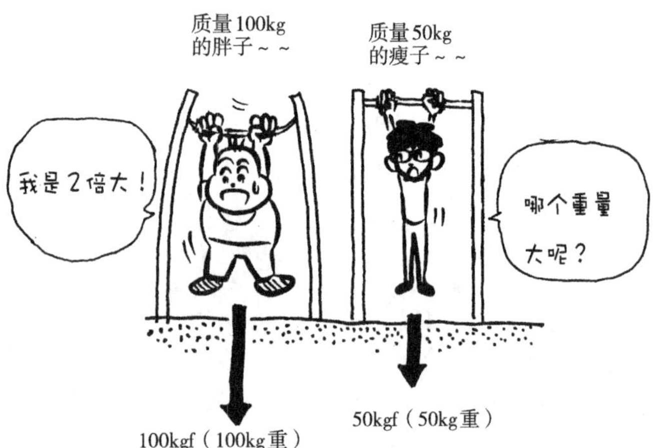

Q 要是去到比地球小的行星上，质量和重量会变成怎样呢？

A 质量一样，重量会变轻。

质量无论到哪里，总是一样的。而重量（行星的引力）是由重力加速度来决定的。小行星的重力加速度小，所以引力小，重量也会变小。

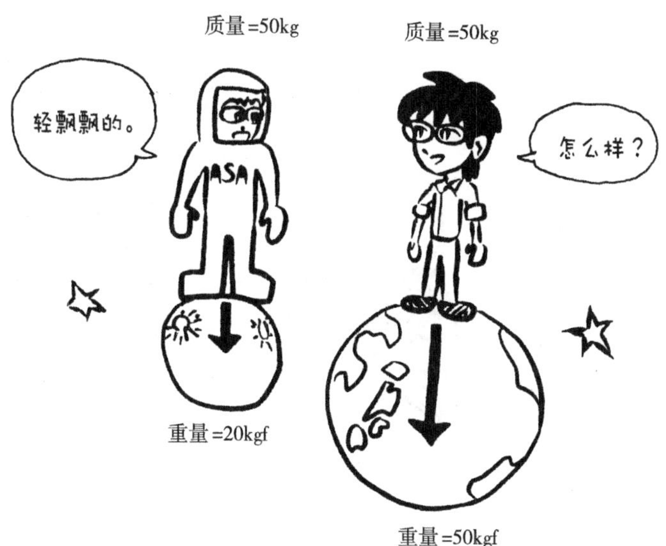

Q 1 质量是什么？质量的单位是什么？
2 重量是什么？重量的单位是什么？

▼

A 1 所谓质量，是表示物体运动困难程度的量，表示物体加速困难程度的量，表示物体惯性的量。单位是 kg、g 等等。

2 所谓重量，是表示地球对物体的吸引力，即引力的大小。单位是力的单位，所以也就是 kgf（kilogram force）、kg 重（kilogram 重）、gf、g 重、N（牛顿）等等。

Q 10 秒内走了 20m 的人的速度是多少?

▼

A 20m ÷ 10s=2m/s

在运动方程式

力 = 质量 × 加速度（F=ma）

中，质量是用 kg 或 g 表示的“表现运动困难程度的指标”。虽然接下来要讨论加速度，但之前先考虑一下速度。

在 10 秒内走了 20m 的话，速率就是

20m ÷ 10 秒 =2m/ 秒

因为秒的英文表达是 second，所以 2m/ 秒也写成 2m/s。因为是距离除以时间，所以单位是 m/s 或 km/h 等。h 是 hour 的缩写，表示小时。

[小结]

顺便说一下，速度的单位是 m/s 或 km/h 等，用距离 / 时间来表示。速度和速率，虽然相近但还是有些区别。速度是包含大小和方向的量，而速率是只包含大小的量。谈到速度时，比如说，向东 2m/s。加上了方向。但是，在实际应用中，这两者时常被混为一谈。

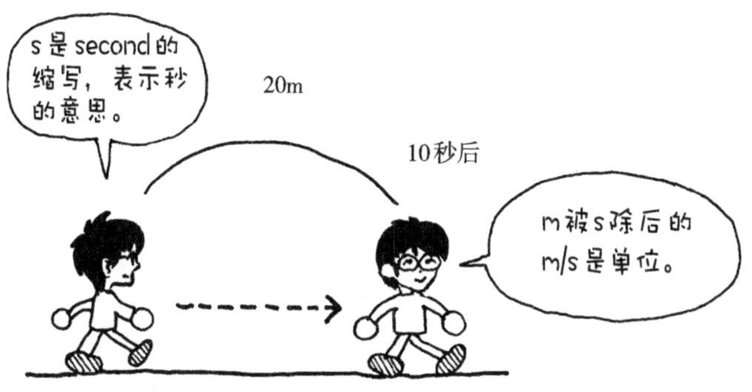

速率 =20m/10 秒 =2m/s

Q m/s 怎么读?

▼

A 米每秒，metre per second，秒速○米

100m/s 读作秒速 100 米，○ m/s 读作“秒速○米”，但是也有“米每秒”或“metre per second”的读法。

因为是“每秒”前进 100 米，所以速度就是 100 米“每秒”。另外，“/”是除法的符号，“/ 秒”是“除以秒”的意思，所以也读作“per 秒”。“/s”的话就读作“per second”，“/h”的话就读作“per hour”。

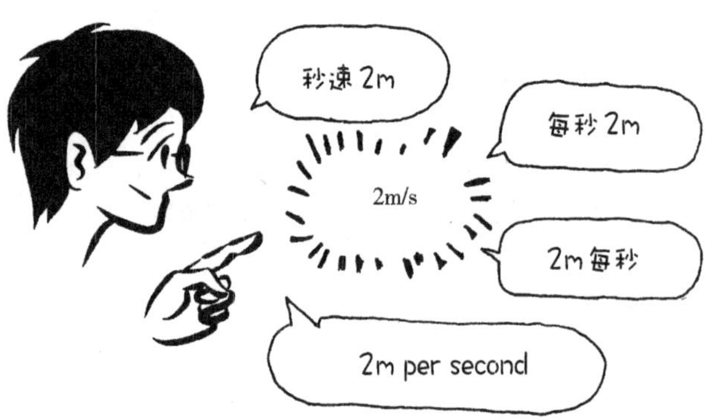

Q 以 1m/s 的速度行走的人，逐渐加快步伐，2 秒后的速度达到 3m/s，这种情况下的加速度是多少？

▼

A （3m/s−1m/s）/ 2s = 1m/s^2

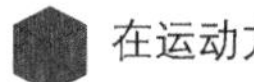

在运动方程式

力 = 质量 × 加速度

中，这次是针对加速度的说明。

以 1m/s 行走的人，逐渐加快步伐，2 秒后假定速度变成了 3m/s。这种情况下，花了 2 秒增加了 2m/s 的速度。那么每 1 秒钟就是增加了 1m/s 的速度。

计算式子是

（3m/s - 2m/s）/2s=1m/s^2

这就是加速度。它表示速度的增加比例，1 秒钟内速度增加了多少。

$$加速度 = \frac{速度的变化}{时间} = \frac{3m/s-1m/s}{2s} = 1m/s^2$$

Q m/s^2 怎么读?

▼

A 米每秒每秒，metre per second 的平方，metre per square second

速度的单位"m/s"，读作"米每秒""metre per second"等。那么，加速度的单位"m/s^2"，它的分母是 s 的平方，该怎么读呢?

我们应该读成"米每秒每秒""米每秒的平方"等。会觉得很难读，但是也只能这么读。虽然不用读出声，认得或是会写就可以……

Q 重力加速度 g 是多少 m/s^2？

▼

A $9.8m/s^2$

最有名的加速度，就是重力加速度。有写作 g 的，也有写作 G 的。是 1g 的物体受到重力后表现的加速度。

重力加速度是物体在下落时向着地球的加速度，约 $9.8m/s^2$。

苹果脱离手以后下落，1 秒后以 9.8m/s，2 秒后以 9.8×2=19.6m/s，3 秒后以 9.8×3=29.4m/s 的速度落下，速度在不断增加。因为速度是不断增大的，因此我们把它称为加速度。

Q N（牛顿）用 kg（千克）、m（米）、s（秒）该如何表示？

▼

A $N=kg \cdot m/s^2$

N 表示为牛顿，是力的单位。使得 1kg 的物体受到 $1m/s^2$ 的加速度的力，就是 1N，这就是 1N 的定义。

运动方程式 F=ma（力 = 质量 × 加速度），使用的质量单位是 kg，使用的加速度单位是 m/s^2，因此力的单位就是 $kg \cdot m/s^2$，这就是 N（牛顿）的定义。

没有记住运动方程式的人要记住

力 = 质量 × 加速度

用这个方程式的话，带入质量单位 kg、加速度单位 m/s^2，就是力的单位 N（牛顿）。

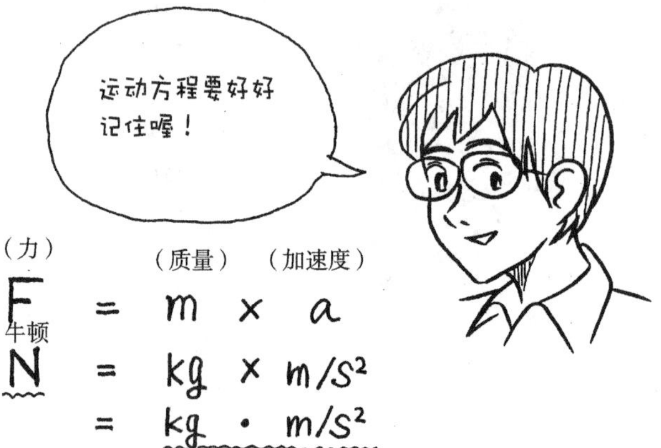

Q 质量为 50kg 的物体的加速度为 $2m/s^2$，则施加在其上的力是多少?

▼

A 力 = 质量 × 加速度 $=50kg \times 2m/s^2=100\ kg \cdot m/s^2=100N$（牛顿）

记住 $N=kg \cdot m/s^2$，计算时带着质量单位 kg 与加速度单位 m/s^2，最后得到 $kg \cdot m/s^2$，再和 N 替换即可。牛顿是用 $kg \cdot m/s^2=N$ 来定义的，因此要记住力 = 质量 × 加速度这个方程式。

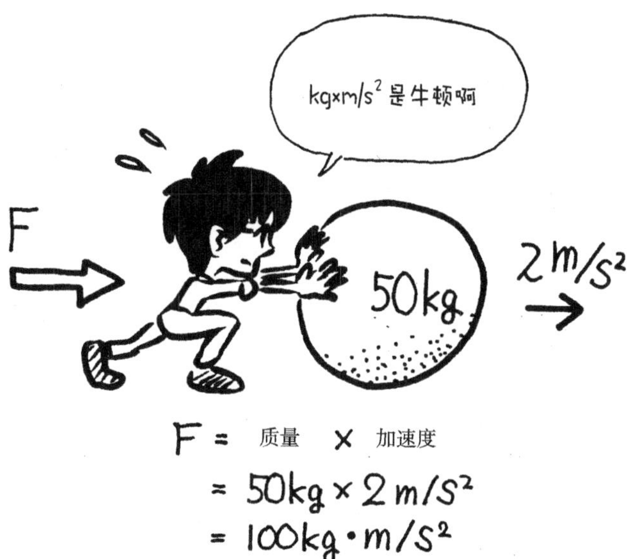

F = 质量 × 加速度
= 50kg × 2m/s²
= 100kg·m/s²
= 100N（牛顿）

Q 给质量 50kg 的物体施加 200N（牛顿），加速度是多少 m/s^2？

▼

A $4m/s^2$

把加速度设为 x（m/s^2），再将其他数值代入方程式（力 = 质量 × 加速度、$F=m\times a$）

$200=50\times x$

$x=4$（m/s^2）

加入单位计算的话就是，

$200N=50kg\times x$

$x=(200N)/(50kg)$

$=(200kg\cdot m/s^2)/(50kg)$

$=4m/s^2$

分子 kg 和分母的 kg 相互抵消，剩下的就只有 m/s^2。

F　　m　　a

力 = 质量 × 加速度

$200N = 50kg \times x$

$$x = \frac{200N}{50kg} = \frac{200kg\cdot m/s^2}{50kg} = 4m/s^2$$

Q 1kgf（1kg 重）的力是多少 N（牛顿）？

▼

A 9.8N

1kgf 就是质量为 1kg 的物体受到地球引力的大小。kgf 是广泛使用的单位，写作 1kgf 或者 1kg 重，也有省略写成 1kg 的情况。1kg 的力，正确来说应该是 1kgf 的力，或者 1kg 重的力。

给 1kg 的物体施加 $9.8m/s^2$ 的加速度。在这里，运动方程式

$$\begin{aligned} 力 &= 质量 \times 加速度 \\ &= 1kg \times 9.8m/s^2 \\ &= 9.8kg \cdot m/s^2 \\ &= 9.8N \end{aligned}$$

质量 1kg 的物体受到的重力 1kgf 是 9.8N。

Q 体重 40kg（正确来说应该是 40kgf）是多少 N？

▼

A 392N

体重是 40kgf 的话，质量就是 40kg。

根据力 = 质量 × 加速度，体重是 40kg，加速度是 $9.8m/s^2$，

力 $=40kg \times 9.8m/s^2=392N$

要记住 kgf 和 N 的换算是大约 10 倍。

　体重 40kg →约 400N

　体重 50kg →约 500N

　体重 60kg →约 600N

将自己的身体重量转换为牛顿，当被问到自身的体重时，能用牛顿回答，就可以习惯牛顿这个单位。

Q 雪的荷重是 $1m^2$ 的面积，若积雪 1cm，会增加 20N（牛顿）的力，那么 $100m^2$ 的屋顶，积雪 1m 高的话，需要的雪的质量是多少 t（吨）？

▼

A 20t

根据力 = 质量 × 加速度，20N=x × 10，质量 x=2kg

1cm 是 2kg 的话，100cm 就是 200kg。$1m^2$ 是 200kg 的话，$100m^2$ 就是 200 × 100=20000kg=20t，

用普通车载的话大约能够承受 1t 的强度，这就需要大约 20 辆车才能载得动。

根据建筑的基本法，$1m^2$ 的面积增加 1cm 的积雪，其荷重以 20N 计算。为了安全起见，这个数字比实际要稍微大一点。

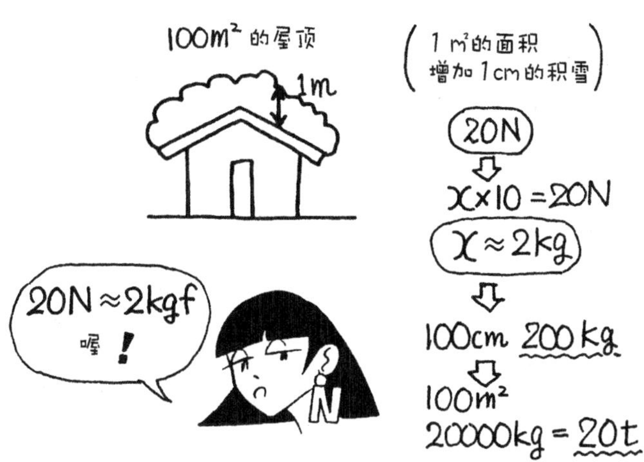

Q 1tf（1t 重）的力是多少 N？

▼

A 9800N

1tf 就是质量为 1t（吨）的物体受到地球引力的大小。N（牛顿）的定义是 $kg \cdot m/s^2=N$，使用的质量单位是 kg。而且，

1t=1000kg

应该考虑换算为 kg 计算。1000kg 被施加的重力加速度是 $9.8m/s^2$，带入运动方程式的话，1000kg 的物体重力大小是

力 = 质量 × 加速度

$=1000kg \times 9.8m/s^2$

$=9800kg \cdot m/s$

$=9800N$

1000kg 的物体受到的重力是 9800N，1000kgf=9800N，也就是说，1tf=9800N。

Q 岩盘支持的重力每 $1m^2$ 是 1000kN(千牛), 则 $1m^2$ 是多少 tf 呢? (重力加速度 $=10\ m/s^2$)

▼

A 100tf

1kN=1000N，1000kN=1000 × 1000N

这里，1kgf≈10N → 1N≈0.1kgf

1000 × 1000N≈100 × 1000kgf

又因为 1000kgf=1tf，

100 × 1000kgf=100tf

每 $1m^2$ 就支持 100tf 的力。

根据建筑的基本法，岩盘的支持力是 $1000kN/m^2$。因为是基准法，为了安全起见，设定的值会比实际值要偏小一点。

纽约和香港的高楼大厦，都是矗立在岩盘上。如果没有地面的支持力的话，就会沉下去。

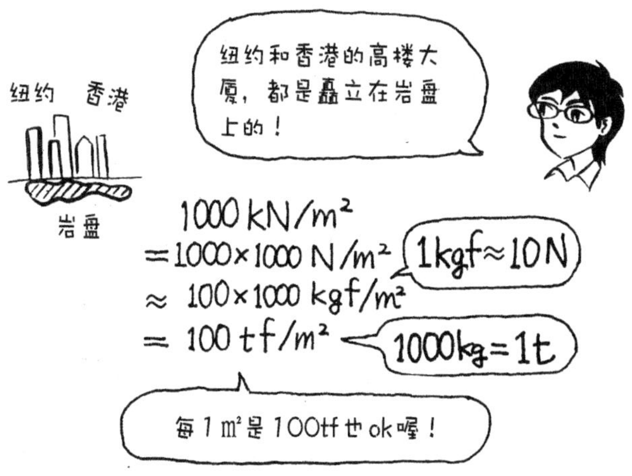

Q 98N（牛顿）是多少 kgf 呢？

▼

A 10kgf

Kgf，表示的物体实际的 kg 数受到地球的引力的大小。就比如说 100kgf 的话，就是 100kg 的物体受到的地球引力的大小。

98N 的地球引力，到底是 kg 数是多少的物体所受的呢？为此，我们就要用到运动方程式。把质量设为 x，力为 98N，加速度为 $9.8m/s^2$ 代入

力 = 质量 × 加速度

$98N = x \times 9.8m/s^2$

$x = (98N) / (9.8m/s^2)$

$= (98kg \cdot m/s^2) / (9.8m/s^2)$

$= 10kg$

10kg 物体受到的地球引力是 98N。也就是说，98N 的力和 10kgf 是等同的。10kgf 就是 10kg 的物体受到的地球引力的大小。

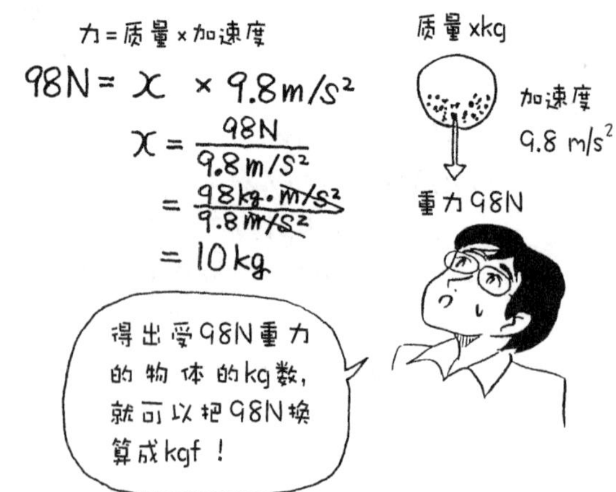

Q 焦耳是什么?

▼

A 焦耳是热量、能量和功的单位。

热量、功和能量是基本相同的东西。能量就是做功的能力。热量是能量的一种形态。若能量能推动物体运动，也可以变成热量。

在建筑方面，环境工学关于热的话题和构造力学中有关功的假设的话题很容易被引出来。首先，

让我们把焦耳的单位名——J 这个记号一起记住吧!

Q 能量的单位是什么?

▼

A J（焦耳）、cal（卡路里）

用 J 表示的焦耳，被用作热量、功和能量的单位。作为热量的单位，虽然现在 cal（卡路里）的使用比焦耳多，但作为国际单位——焦耳的使用已经越来越普遍了。

Q 给定 1N 的力，在移动 1m 的情况下，做的功是多少？

▼

A 1J

因为功 = 力 × 距离，1N × 1m=1N·m，因为 N·m=J，所以 1N·m=1J（焦耳）。N · m=J 是焦耳的定义。

Q 2N（牛顿）的力移动 3m 时，做的功是多少？

▼

A 功 = 力 × 距离 =2N × 3m=6N · m=6J

N · m=J 是焦耳的定义。

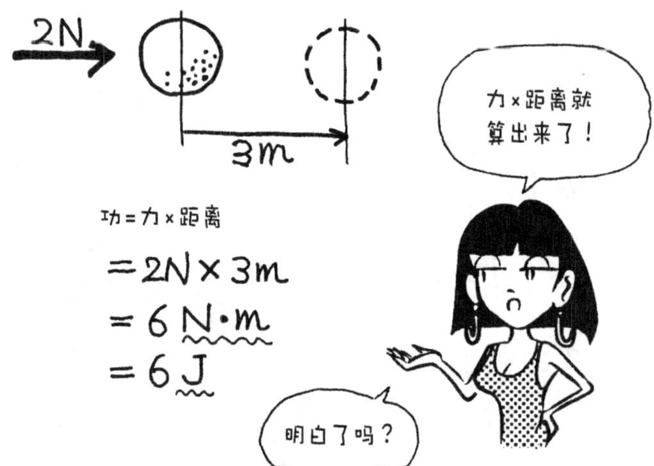

Q 如果用 kg、m、s 表示 J（焦耳）呢?

▼

A $kg \cdot m^2/s^2$

因为功 = 力 × 距离，力的公式是力 = 质量 × 加速度，所以

$J=N \times m=(kg \times m/s^2) \times m=kg \cdot m^2/s^2$

让我们一起牢牢地记住功 = 力 × 距离和力 = 质量 × 加速度这两个公式吧!

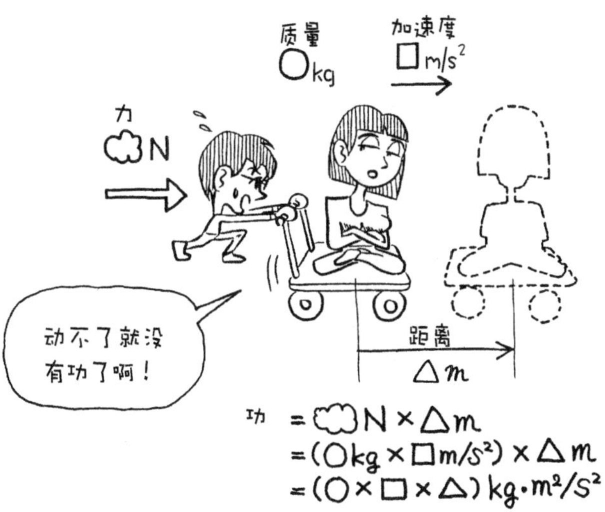

Q 1cal（卡路里）是多少 J（焦耳）？

▼

A 1cal=4.2J

卡路里也好，焦耳也好，都是热量的单位。所谓 1cal，就是 1g 的水升高 1℃所需要的热量。

因为是用水的温度上升 1℃的考虑方法，cal 能产生实体感，是更好理解的单位。更正确的说，1 卡路里是在一个大气压下，1g 的水从 14.5℃升到 15.5℃所需要的热量。此外，1cal=4.1855J。

Q 10cal（卡路里）是多少 J（焦耳）？

▼

A 因为 1cal=4.2J，10cal=4.2×10J=42J

Q 1 1kgf 是多少 N?

2 1cal 是多少 J？

▼

A 1 1kgf 用质量 1kg 的物体被施予的重力大小来算的话，力 = 质量 × 加速度 $=1kg \times 9.8m/s^2=9.8kg \cdot m/s^2=9.8N$。因此，1kgf=9.8N

2 1cal=4.2J

让我们一起记住 1kgf=9.8N，1cal=4.2J 吧！ kgf、cal 是实体感很强，并且容易理解的单位，经常使用的国际单位是 N、J。kgf 大约是 N 的 10 倍，cal 大约是 J 的 4 倍。

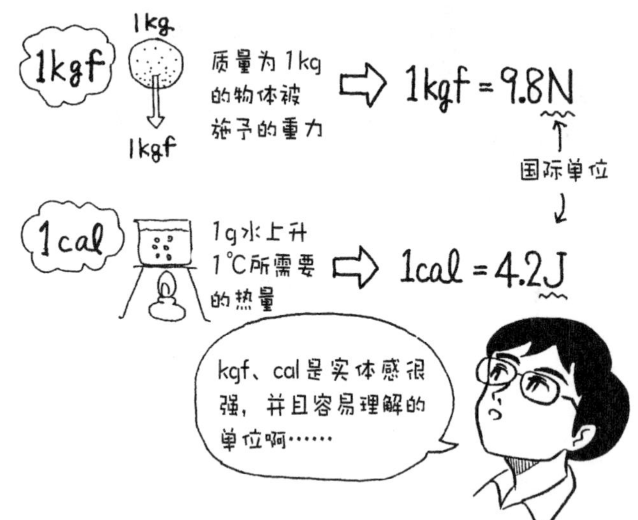

Q W（瓦特）是什么的单位?

▼

A 功率的单位

在 1 小时、1 分钟或 1 秒钟的单位时间内，做了多少功，即单位时间内做的功的量就是功率。瓦特是每秒所做的功。电灯泡的瓦特数多数人是知道的。100W 的灯泡在 1 秒内所做的功是 50W 的灯泡的 2 倍。电灯泡的功转换成了热能和光能。

Q 用 J（焦耳）如何表示 W（瓦特）呢?

▼

A J/s（焦耳每秒，J per second）

1 秒钟内的焦耳数就是瓦特。也就是说，瓦特是 1 秒钟之内做了多少焦耳的功，是功率的单位。功和时间没有关系。因此，做同样的功就算是用 1 年时间，和 1 秒做的功都是一样的。由于这样体现不出效率，所以有必要考虑单位时间的功。这就是功率。

焦耳也能作为热量、能量的单位。因此，瓦特也能表示 1 秒中之内所产生的热量或 1 秒钟之内用了多少能量。

所谓能量，就是做功的能力。只要有 1J（焦耳）的能量，就能做 1J 的功。热量就是能量的一种形态。从微观来看，热量是分子运动的动能总量的表现。因此，无论是功、热量，还是能量，几乎是相同的，可以用相同的单位来表示。

100W 的功率，也就是说 1 秒内做了 100J 的功。或者 1 秒内消耗了 100J 的能量，也就是说，在 1 秒内有 100J 的热量发生了转移。

Q 如果 5 秒内做了 100J 的功，那么功率是多少?

▼

A 100J/5s=20 J/s=20 W

因为 J/s= W，所以 20 J/s=20 W。如果 1 秒内做了 100J 的功的话，功率是 100J/1s =100 W。100W 跟 20W 相比，做功的效率是它的五倍。相同的 1 秒内，功可以进行直接比较。因而对相同的功给予不同的时间，其功率也是不同的。

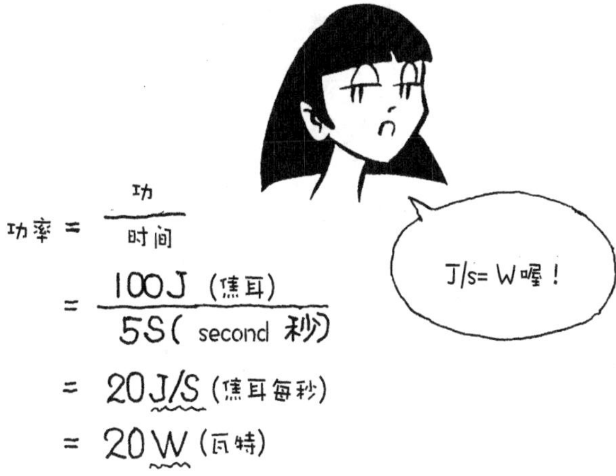

Q W（瓦特）用N（牛顿）如何表示？

▼

A W= J/s=（N · m）/s

因为功率 = 功 / 时间（W= J/s），功 = 力 × 距离（J=N · m），所以W=J/s=（N · m）/s

Q 1 在 2kg 物体上，加速度为 $3m/s^2$，则施加的力的大小是多少?

2 用 10N 的力推物体移动 2m，则所做的功是多少?

3 如果在 10s 内做了 1000J 的功，则功率是多少?

A 1 力 = 质量 × 加速度 $=2kg \times 3m/s^2=6kg \cdot m/s^2=6N$（牛顿）

2 功 = 力 × 距离 $=10N \times 2m=20N \cdot m=20J$（焦耳）

3 功率 = 功 / 时间 =1000J/10s=100J/s=100W（瓦特）

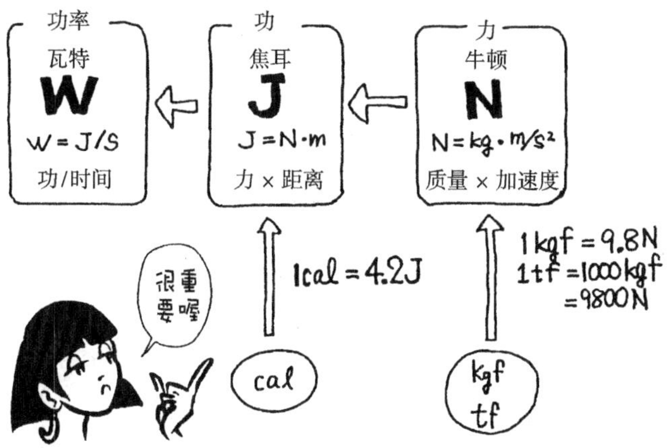

Q

1 用 10N 的力推动 2kg 的物体，加速度是多少?

2 用 10N 的力推动物体做 100J 的功，移动了多少距离?

3 用 100W 的功率在 10s 内做了功，则做的功是多少?

▼

A

1 $10N=2kg \cdot x$

$X=10N/2kg=5N/kg=5\ (kg \cdot m/s^2)\ /kg=5m/s^2$

2 $100J=10N \cdot X$

$X=100J/10N=10\ (N \cdot m)/N=10m$

3 $100W= X/10s$

$X=100W \cdot 10s=1000W \cdot s=1000\ (J/s) \cdot s=1000J$

力 = 质量 × 加速度、功 = 力 × 距离、功率 = 功 / 时间应该作为基本公式记住，不知道的部分用 x 来代替就可以简单求出。并且，上述计算中单位也参与了计算，这样就不会错了。

Q k（开尔文）是什么的单位?

▼

A 绝对温度的单位。

所谓绝对温度，就是把分子和原子的运动完全停止的状态设定为绝对零度，然后在这基础上计算温度。温度间隔和摄氏（℃）一样。

Q 绝对温度的零度（0k: 零开尔文）是多少℃?

▼

A –273℃

0k（零开尔文）=–273℃。0℃就是 273k。负 273℃，是分子运动停止的温度。世界上不存在此之下的温度。以此为标准，就是绝对温度。单位为 K（开尔文）。注意不要像℃一样加上圈。

日常中使用的℃就是摄氏度。摄氏度是把水的结冰温度到沸腾温度 100 等分得到的。

Q 1 20℃是多少 K（开尔文）？

2 300K 是多少℃（摄氏度）？

▼

A 1 20+273=293K

2 300−273=27℃

绝对温度的零度，0K（开尔文）是负 273℃，K 和℃的增减幅度是一样的。而且，绝对温度用 T，摄氏温度用 t 表示的话，会有 T=t+273 的关系。要记住绝对零度是负 273℃，就不会有错。

Q 电流（I）用电位差（V）和电阻（R）该如何表示?

▼

A 电流 = 电位差 / 电阻（I=V/R）

为什么在这要讲到电学，因为它不仅与设备直接联系，用在热流中也很合适。电流就是单位时间内流过得电量。使用的单位是安培(A)等。与水流1秒内流过的量是相似的。电位差，正如字面所示，就是电位的差的意思。使用的单位是伏特（V）等。与地形有高度差相似，电位也有高度差。高度相差越多，水流越急。同样电位差越大，电流也就越大。电位差也叫做电压。电阻，就是阻碍电流流动的力，使用的单位是欧姆（Ω）等。在河流里，如果石头堆积的越来越多的话，水流就会越来越小，这是因为存在着阻碍水流的力。电流也是一样的，电阻越大，电流就越小。水流随着高度差增大，流动越快，阻力越大，流动越缓。同理，电流随着电位差增大而增大，随着电阻增加而减小。所以把电位差作为分子，把电阻作为分母。没必要死记硬背式子，想到电位差加倍电流也就加倍，电阻加倍，电流减半，式子就自然而然地出来了。与水的流动对照着记吧。

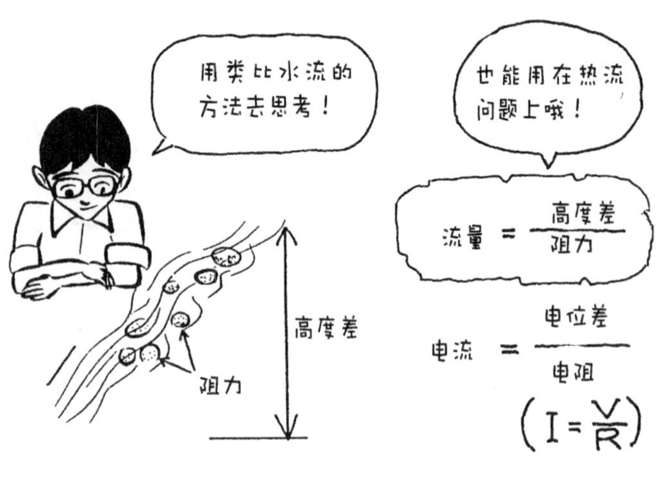

Q 电位差（电压）是 6V（伏特），电阻是 60（欧姆）的话，电流是多少？

▼

A 电流 = 电位差 / 电阻 =6V/60=0.1A（安培）

如果把电流比做水流的话，电位差就是高度差，电阻就是阻力。电位相差得越大的话，电流就越大。电流与高度差成正比，因而高度差就作为分子。电阻越大的话，电流就越小。电流与电阻成反比，因此电阻就作为分母。把电压作为分子，电阻作为分母，道理相同，一起记牢吧。

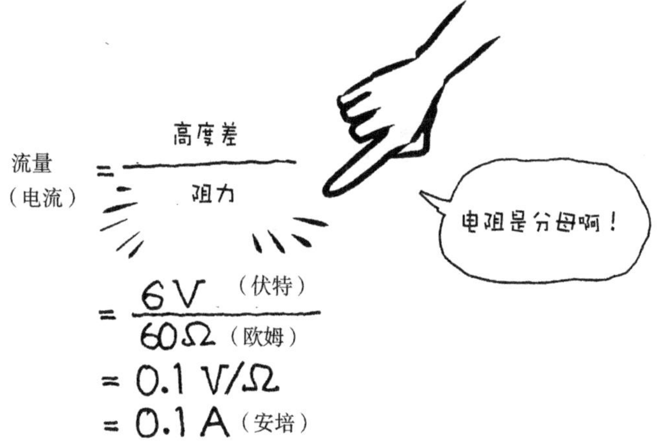

Q 电位差（电压）是 100V（伏特），电阻是 50Ω（欧姆），那么电流是多少?

▼

A 电流 = 电压 / 电阻 =100V/50Ω=2V/Ω=2A（安培）

一般 4 个干电池的电压是 6V，一般的家庭用电就会增加到 100V。就跟水流一样，存在的高低差，即落差大的话，流量也会比较大。穿过墙壁的热量，分子就是温度差，分母就是热阻。这与电流的式子相似。在学习热流的时候，也要想起这个电流的公式啊。

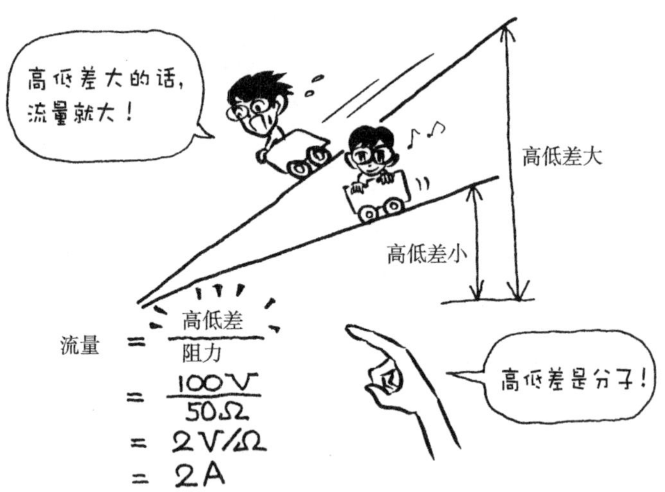

Q 电功率用电流（I）和电压（U）该如何表示?

▼

A 电功率 = 电流 × 电压 =I×U（W）

电功率是电力在单位时间内做了多少功的指标。这些电就由电流 × 电压来计算。用符号表示，就是 I×U。

因为要求 1 秒钟之内做了多少焦耳的功，所以我们用瓦特来表示。瓦特是功率的单位，表示 1 秒钟内做了多少焦耳的功的单位。这对于电来说，也是一样的。

请再一次在这里把 W=J/s=（N · m）/s 记住吧！

Q 电流是 0.5A（安培），电压是 100V（伏特）的时候，功率是多少?

▼

A 功率 = 电流（I）× 电压（V）=0.5A × 100V=50A · V=50W（瓦特）

让我们一起回忆起功率 =I × V 的公式吧，安培（A）× 伏特（V）就是瓦特（W）

A · V=W

50W 的功率，也就是说电在 1 秒间做的功是 50J，电在 1 秒内消耗了 50J 的能量。W=J/s 是最基本的公式。

Q 100W（瓦特）的灯泡在100V（伏特）的电压下发光，电流是多少？

▼

A 1A（安培）

用功率 = 电流 × 电压来求用 I 表示的电流

100W=I × 100V

因此，电流就是 I=100W/100V=1A（安培）

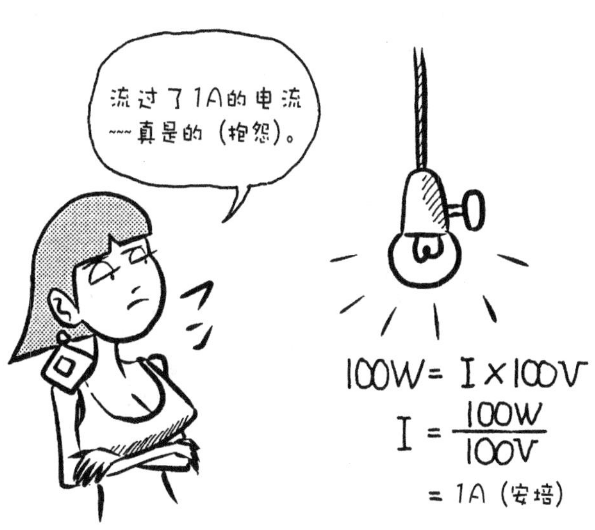

Q 100W 的灯泡持续点亮 1 小时，使用的能量是多少？

▼

A 360000J

能量指的就是功，可以用功率 × 时间 =100W×1 小时来表示，因为 W（瓦特）=J/s（J per second、焦每秒），小时（hour）要用秒来换算。

1 小时 =60 分 =60×60 秒 =3600 秒（s）

因此，

100W×1 小时 =100J/s×3600s=360000J（焦耳）

也就可以理解为什么 100J/s 的分母中 s 和 3600s 的 s 相乘后被约掉了。36 万 J 的位数有点大，使用起来有点麻烦，因此，也有 Wh（瓦·时）作为单位。正如字面所示，就是瓦特 × 小时。如果用 1 瓦的功率工作了 1 小时，就是指它所做的功，它所使用的能量。

因为 1h 是 3600 秒，1Wh=J/s×3600s=3600J

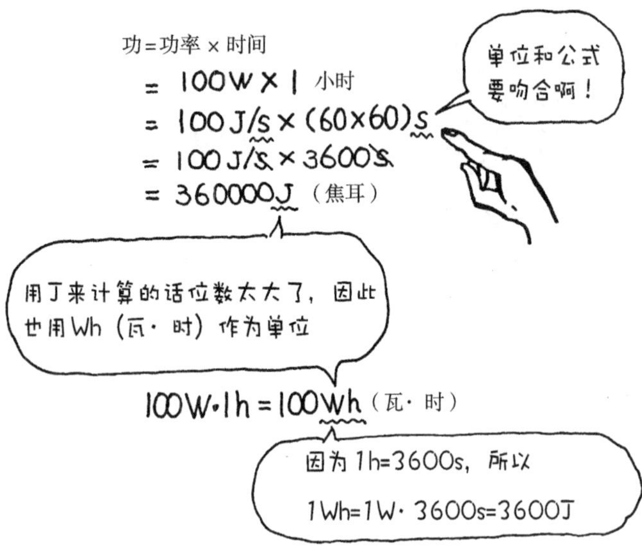

Q 比热用 c，质量用 m，温度变化用 Δt 来表示的话，当变化温度 Δt 时，热量 Q 是多少？

▼

A $Q=c \cdot m \cdot \Delta t$（热量 = 比热 × 质量 × 温度变化）

Δ（德尔塔）是变化的意思。Δt 就表示 t 的变化量。在这里就是温度（temperature）的变化的意思。Q 是热量，c 是比热，而 m，则是早已经介绍过的质量的符号。就让我们习惯这些符号的用法吧。

热量的单位就是 J（焦耳）和 cal（卡路里）。现在 J 用得比较多。

质量用的单位就是 kg、g。也有使用 mol（摩尔）的时候，但严格说来，摩尔并不能表示质量。

温度变化的话，℃比 K（开尔文）更常用一些。因为℃和 K 在温度上的间隔是一样的，所以指温度变化的话，用哪一个都是一样的。

先让我们一起记住 $Q=c \cdot m \cdot \Delta t$ 这个式子吧！

Q 比热 c 是 4200 J/(kg·K),质量是 2kg 的物体温度上升 10K(开尔文)时，流入的能量是多少？

▼

A $Q=c\cdot m\cdot \Delta t=4200\text{J}/(\text{kg}\cdot\text{K})\cdot 2\text{kg}\cdot 10\text{K}$

$$=84000\text{J}/(\text{kg}\cdot\text{K})\cdot\text{kg}\cdot\text{K}$$

$$=84000\text{J}$$

如果带单位一起计算的话，单位就不容易出错。在上述式子中，因为 kg 和 K 都被约掉了，就只剩下 J 了。

计算要用到 c·m·Δt喔！

C·M出来了！

热量 = 比热 × 质量 × 温度变化

$$Q=c\cdot m\cdot\Delta t$$

$$=4200\text{J}/\text{kg}\cdot\text{K}\cdot 2\text{kg}\cdot 10\text{K}$$

$$=4200\cdot 2\cdot 10\,\text{J}/\text{kg}\cdot\text{K}\cdot\text{kg}\cdot\text{K}$$

$$=84000\text{J}$$

Q 比热 c 是 1000 J/（kg · K），质量是 10kg 的物体，热量增加了 20000J，温度上升了多少？

▼

A 2K（开尔文）

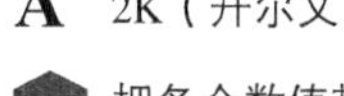

把各个数值带入 Q=c·m·Δt（热量 = 比热 × 质量 × 温度变化）的话，

20000J=1000J/（kg · K）· 10kg · Δt

Δt=20000J/[1000J/（kg · K）· 10kg]=2K（开尔文）

因此，温度上升了 2K（开尔文），温度上升了 2K 和上升了 2℃是相同的，因为它们不同的只是零点，而算温差的话则是相同的。

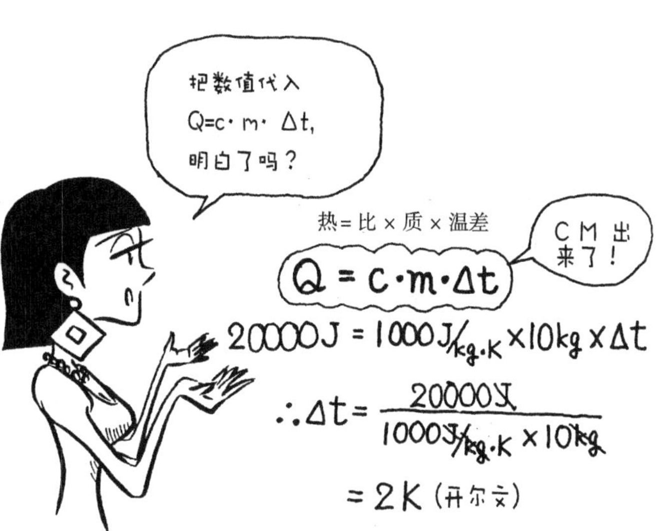

Q 热容用比热和质量如何表示呢?

▼

A 热容 = 比热 × 质量 $=c \cdot m$

容量就是指容器的大小，表示的是能装入量有多少的能力。

用水来打比方的话，2 升的水比 1 升的水的容量更大。所谓热容，也就是指储存热量的能力，它能够标明物体所能承载的热量。

热容大的话，所能储存的热量就多。热量储存的多的话，想要再继续储存就很难，而热量想要出来，也很难。这和装满很多水的容器的道理一样,水不管是要进还是要出都很困难。这个热容的公式，比热 × 质量($c \cdot m$)也就是热量 = 比热 × 质量 × 温度变化($Q=c \cdot m\Delta t$)的一部分。让我们一起把这个式子和 $Q=c \cdot m \cdot \Delta t$ 一起记住吧!

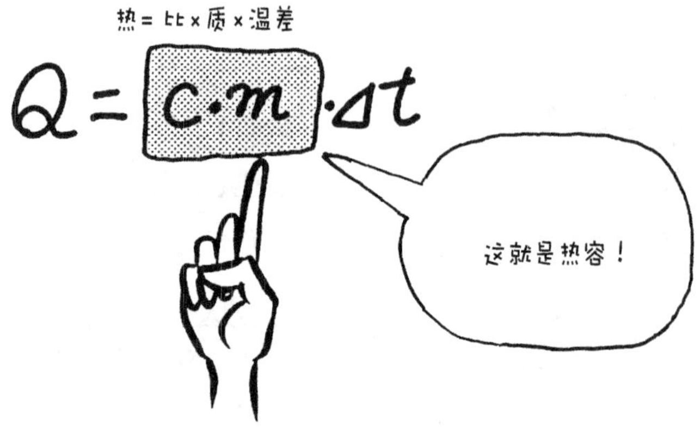

Q 热容大的话，储热的效果会如何?

▼

A 很强

热的储存即是储热效果，热容越大的话，储热效果就越强。这就和容器越大的话，能盛的水就越多的道理一样。热容大的话，就是指能够储备热量的容器大。在 $Q=c \cdot m \cdot \Delta t$ 中，如果 Δt 相同，$c \cdot m$ 部分大的 Q 就大。也就是，在变化相同的温度时，所需要的，或散失的热量更多。如果 $c \cdot m$ 部分很大，即使只上升了 1K，所需要的热量也很多。而且，如果下降了 1K，所流失的热量也很多。这也就是说，温度不易发生变化。因为能够储存的热量的能力强，因此温度变化也就不那么容易了。

Q 热容用热量 Q 和温度变化 Δt 如何表示?

▼

A Q/Δt

用 Q=c·m·Δt（热量 = 比热 × 质量 × 温度变化）和热容 = c·m（比热 × 质量）变形，就能得到相同的

热容 =c · m= Q/Δt（热量 / 温度变化）。

热量 / 温度变化的单位可以是 J/K（焦耳每开尔文），也可以是 cal/℃。像这样，在不知道单位的时候，从公式变形上来考虑是很有效的方法。

Q 1 10kg 比热是 4200 J/（kg · K）的水，热容是多少？

2 10kg 比热是 1300 J/（kg · K）的木头，热容是多少？

3 10kg 比热是 880 J/（kg · K）的混凝土，热容是多少？

▼

A 因为热容 = c · m（比热 × 质量）

1 c · m =4200J/（kg · K）× 10kg=42000J/K

2 c · m =1300J/（kg · K）× 10kg=13000J/K

3 c · m =880J/（kg · K）× 10kg=8800J/K

同样是上升 1K（开尔文），各自所需要的温度分别是 42000J，13000J，8800J。水的比热大，因此它的热容也就大。所谓比热，就是和基本的水相比，热量变化难易程度的单位。1 克水升高 1 摄氏度所需的热量定义为 1 卡路里。其他材料的值是和水相比较得到的相对值。因为是和水相比的热，所以也叫做比热。把水作为单位 1，其值是水的多少倍就是多少。因为热量的单位从 cal 变成了 J，所以这个概念也就被淡忘了。

因为混凝土的比热小，所以在质量相同的情况下，热容也就小了。但是，混凝土在体积相同的时候，是质量很大的物质。混凝土和木头相比，在体积相同的时候，质量是它的 4 倍以上。而且，建筑物中使用的混凝土比木头多很多。混凝土做的柱子、房梁、地面、墙壁、房顶的质量都是很大的，而木头多作为薄板使用。因为混凝土的密度比较大，而且使用量比木头多很多，所以建筑物中的热容主要来自混凝土。

水 10kg

C·m = 4200 J/kg·K × 10kg
= 42000 J/K

木 10kg

C·m = 1300 J/kg·K × 10kg
= 13000 J/K

C·m = 880 J/kg·K × 10kg
= 8800 J/K

混凝土 10kg

Q 如果在混凝土的外侧用隔热材料包住，这样暖器效果如何?

▼

A 变暖比较花费时间，但是一旦变暖就不容易变冷。

因为全部混凝土的质量很大，因此它的热容也变得很大。虽然混凝土的比热不是很大，但因为它的质量很大，储热的效果也就变得很强了。

有隔热材料把热容很大的混凝土建筑包裹住，这种建筑变暖之后就不容易变冷了。室内温度变化受到抑制,室内环境就变得很舒适了。但是，因为热容大，还是存在不易变暖的缺点。

因为存在冷气暖气启动缓慢的缺点，一般混凝土建筑物还是外隔热比较好。在墙壁的表面上，因为墙壁内部比较暖，也可以有防止结露的效果。

Q Hz（赫兹）是什么?

▼

A 振动数和波的单位，表示 1 秒钟之内振动了多少次、反复了多少次的单位。

100Hz（赫兹）的意思是 1 秒钟内 100 次往返。从一个波峰到另一个波峰之间就是 1 个波，3Hz 就是指 1 秒钟内传递了 3 个波。不论是音波的振动数还是建筑物的振动数，其单位都用 Hz 来表示。

Hz= 次 /s

分母是 s（秒），分子是次数。“次”不能算是实质上的单位，Hz 表达的就是 1/s 的意思。

Q Pa（帕斯卡）是什么?

▼

A 压强的单位，就是 N/m^2（牛顿每平方米）的意思。

$1m^2$ 有多少 N（牛顿）的压力施加在其上，就使用帕斯卡来表示。

压力 = 力 / 面积 = N/m^2=Pa

力用 N（牛顿）来表示,面积用 m^2（平方米）来表示。当力相同时，面积大的受到的压力就小，面积小的受到的压力就大。因此，受力面积的大小就很重要了。因为建筑结构会受到更大的压力，所以用的单位更多的还是 N/mm^2（牛顿每平方毫米），这时 Pa（帕斯卡）不用换算，N/mm^2 的使用更加普遍。

Q 在 $2m^2$ 的面积上施加 10N 的力，则压强是多少？

▼

A 压强 = 力 / 面积 = $10N/2m^2=5N/m^2=5Pa$

要记住 $N/m^2=Pa$（牛顿每平方米 = 帕斯卡）喔！

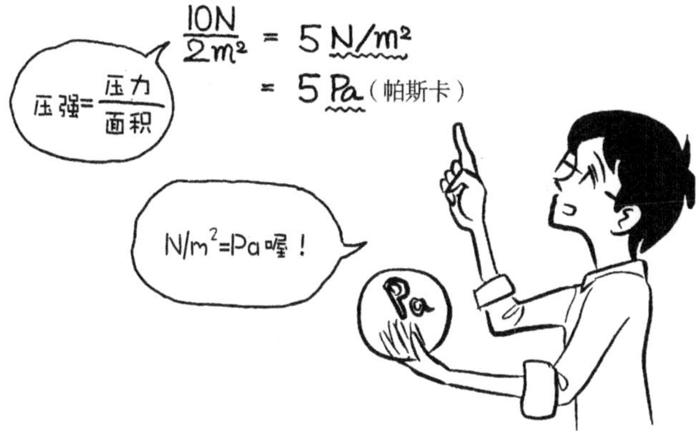

Q 1 1a（area）是多少平方米?

2 1ha（hectare）是多少平方米?

3 1ha 是多少 a?

▼

A 1 $100m^2$

10m × 10m 的面积就是 1a。在拉丁语里面，area 就是面积。

2 $10000m^2$

100m × 100m 的面积就是 1ha（hectare）。

3 100a

h（hundred）代表 100 倍的意思，ha（hectare）就是 a（area）的 100 倍的意思。

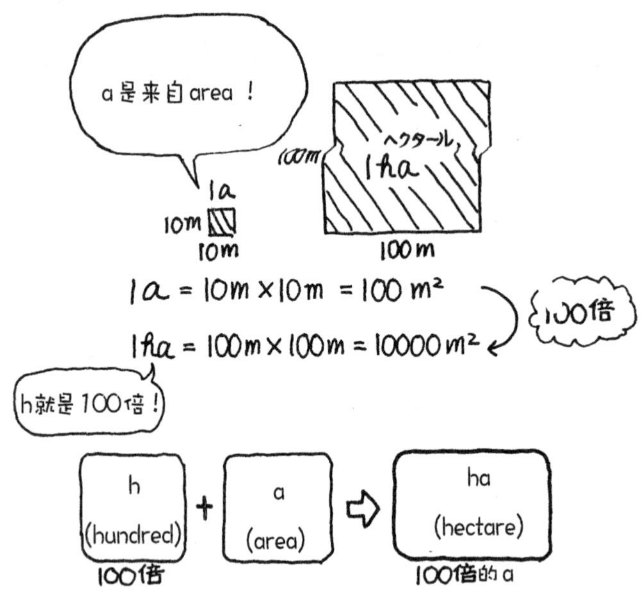

Q 1 1hPa 是多少 Pa？

2 1hPa 如何用 N（牛顿）和 m（米）来表示?

▼

A 1 100Pa

2 $100N/m^2$

h（hundred）代表 100 倍的意思，ha（hectare）就是 hundred+area，即 a（area）的 100 倍的意思。

因此，1hPa 是 Pa 的 100 倍。

Pa 是表示压强的单位，在测气压时通常被使用。但即使是在测气压时，1 个大气压也相当于 100000Pa（10 万 Pa）左右，位数就变得太大了。因此，就要使用 hPa 这样的单位。用 hPa 时，1 个大气压就表示成 1013hPa 左右。1013hPa 就是 101300Pa。用牛顿表示的话，就是 $101300N/m^2$。

Q 碱性是什么?

▼

A 在水溶液里面，出现氢氧根（OH^-）的性质。

碱性的定义有很多，最简单的说法，就是在水溶液里面出现氢氧根的性质。碱性也有称作碱基性，和酸发生中和反应后，会把溶液的酸性消除掉。

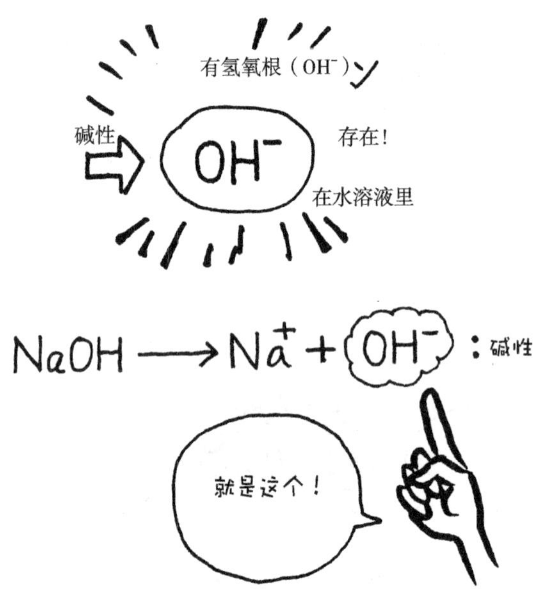

Q 酸性是什么?

▼

A 在水溶液里面，出现氢根（H^+）的性质。

酸性的定义也有很多，最简单的说法，就是在水溶液里面出现氢根的性质。和碱发生中和反应后，把溶液的碱性消除掉。舔一舔的话能尝到酸味。

Q　1 红色的石蕊试纸变成蓝色了，是酸性？还是碱性？

2 BTB 溶液（麝香草酚蓝试剂）变成蓝色，是酸性？还是碱性？

▼

A　1 碱性

2 碱性

溶液呈碱性时能让红色的石蕊试纸变成蓝色，BTB 溶液（国内教材都称麝香草酚蓝试剂，很少有称 BTB 的）也变成蓝色。

溶液呈酸性时能让蓝色的石蕊试纸变成红色，BTB 溶液则变成黄色。在酚酞试剂里面，碱性也会变成淡红色。

石蕊试纸	红→蓝：碱性
	蓝→红：酸性
BTB 溶液	→蓝：碱性
	→黄：酸性
酚酞试剂	→淡红：碱性

Q　混凝土是酸性？还是碱性？

▼

A　碱性

水泥的主要成分 CaO（氧化钙），溶于水时生成 $Ca(OH)_2$（氢氧化钙），因此就显碱性。

Q 水泥的主要成分是（①）和水反应生成（②），使得溶液呈碱性。

▼

A ① CaO（氧化钙）、② Ca（OH）$_2$（氢氧化钙）。

水泥中大约 60%是氧化钙（CaO）。要使水泥变硬的话，需要加水。氧化钙遇水即生成氢氧化钙，呈碱性。

水泥和水反应就会变硬。这个反应是水合作用。这种性质叫做水硬性。

Q 二氧化碳（CO_2）是酸性？还是碱性？

▼

A 酸性，很弱的酸性（弱酸性）。

因为二氧化碳可以和碱性物质发生中和反应，溶于水时释放出 H^+，故而被定义成酸性。空气中的二氧化碳（CO_2）和混凝土建筑中的氢氧化钙反应，产生了中性的物质。这就是钢筋混凝土建筑被中和，受到损害的原因之一。

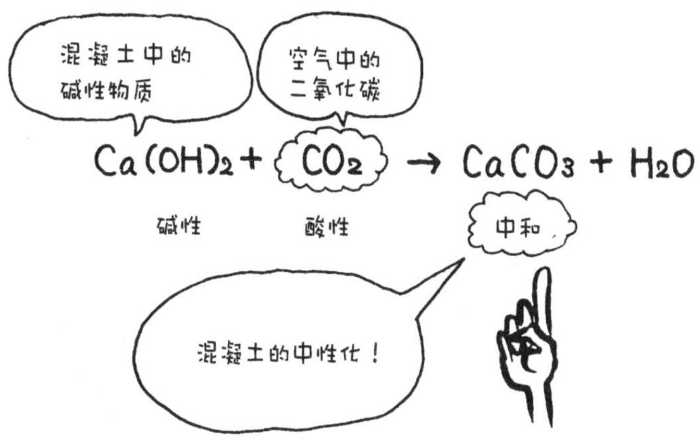

Q 铁的氧化是什么?

▼

A 铁的氧化反应

一般来说，氧化就是和氧的化合反应。还原反应就是脱氧的反应。氧化的逆反应就是还原。

所谓氧化，也有人把它定义成夺取氢和电子的反应。上述所说的氧化反应就是和氧的化合反应。这从文字上就能得知，没什么区别。

正如您所知的，铁锈是水和氧气共同作用的结果，少了任何一个都不行。铁锈就是铁氧化成 Fe_2O_3。铁的氧化产物也有很多很多种，但铁锈一般是不好的。铁质的扶手、楼梯暴露在空气中的话，不出五年就会生锈。

钢筋混凝土中的钢筋，和水、氧气反应后生锈膨胀，混凝土建筑就会崩坏。在结构中，特别要注意的部分就是有无严重的生锈现象。

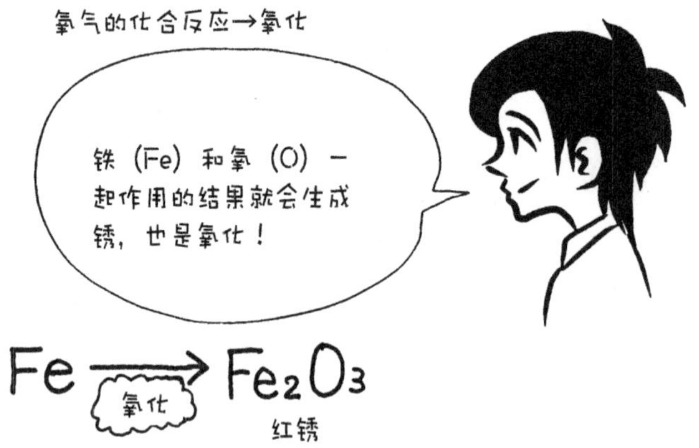

Q 铁在碱性条件中易氧化，还是难氧化?

▼

A 难以氧化

在碱性条件中，铁有难以氧化（难以生锈）的性质。因为混凝土建筑是碱性的，在其中的钢筋也就变得难以生锈了。若是混凝土建筑的碱性被中和了的话,钢筋就会很容易生锈。钢筋如果生锈了，就会膨胀，进而破坏建筑内部结构。

Q 弧度是什么?

▼

A 平面角的单位，用弧度 = 弧长 / 半径表示

弧度用 θ，半径用 r，弧长用 l 表示的话，

$\theta = l/r$

弧长是半径的几倍，角度就是多少。平面角中“度”这个单位经常被使用。直角是 90°，周角是 360°，理解起来容易，但是也有用 360° 表示起来比较困难的情况。弧度在数学中常常被使用。用弧度测量角度大小的方法，叫做弧度法。在理解立体角之前，要好好地复习弧度，重新再把它记一记。

Q 弧度的单位是?

▼

A rad

如果弧长是 1m，半径是 2m 的话，

弧度 = 弧长 / 半径 =1m/2m=0.5（rad）

用米除以米，就没有实际上的单位了。Radian 是这个比例的名字。"rad"是用来表示放射状、星形和圆形等的前缀。Radio 是从电波的发射来的。

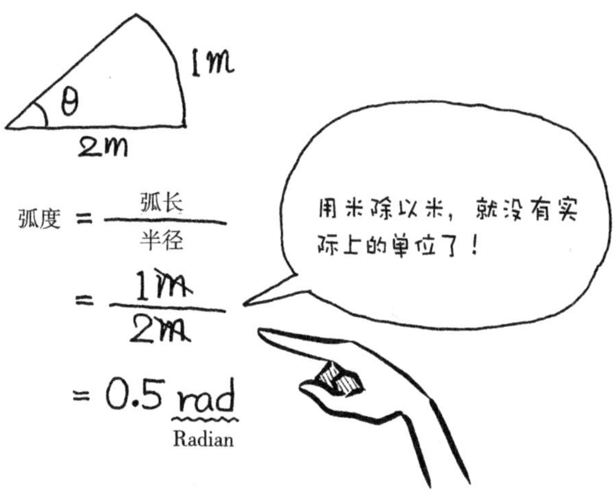

Q 1 180° 如何用弧度来表示？

2 360° 如何用弧度来表示？

▼

A 1 π（rad）

2 2π（rad）

周长是半径 × 圆周率，用（2r）× π=2πr 来表示。因此，180° 的弧长就是（2πr）/2=πr。并且，

180° 的弧度 = 弧长 / 半径 =πr/r=π（rad）

360° 的弧度 = 弧长 / 半径 =2πr/r=2π（rad）

同样的，90° 的弧度 =1/2π（rad）

周长是直径的几倍，圆周率 π 就是多少。大约是 3.14，所有的圆的圆周率都是一样的。它是个不可思议的数字，在数学各种各样的领域中都会出现。

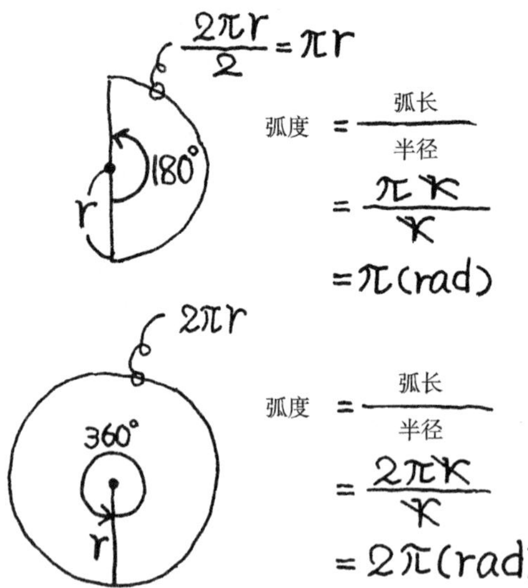

Q 1 半径为 r 的圆面积是多少?

2 半径为 r 的球表面积是多少?

3 半径为 r 的球体积是多少?

A 1 圆周率 ×（半径的平方）$=\pi r^2$

2 4× 圆周率 ×（半径的平方）$=4\pi r^2$

3 4/3× 圆周率 ×（半径的立方）$=4/3 \cdot \pi r^3$

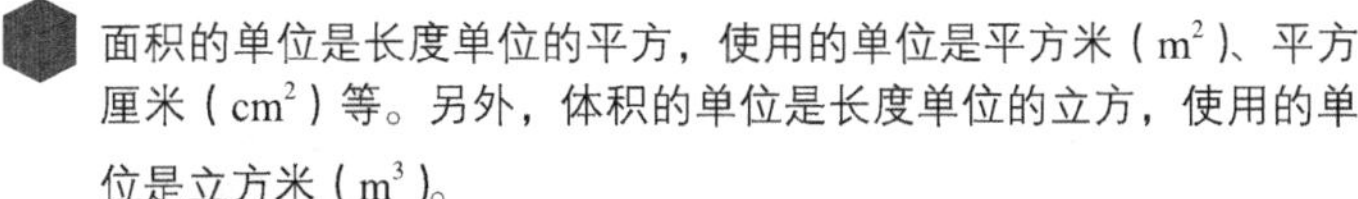

面积的单位是长度单位的平方，使用的单位是平方米（m^2）、平方厘米（cm^2）等。另外，体积的单位是长度单位的立方，使用的单位是立方米（m^3）。

如果对于 r 的平方还是 r 的立方感到困惑的话，可以记住面积的话是平方，体积的话是立方，这样会好些。

Q 雨伞开口度测得的角度是什么?

▼

A 是立体角。

雨伞的开口程度，冰激凌筒的开口程度，扩音喇叭的开口程度，圆锥的开口程度，四角锥的开口程度，以上这些立体的角都称为立体角。平面的角我们用“度”或“弧度”表示。像那样不是平面，而是立体的情况下，我们应该使用“立体角”。

Q 立体角的式子该如何表示?

▼

A 立体角 = 球的表面积 / (半径) ^{2}=S/r^2

弧度 = 弧长 / 半径 =l/r，除的是 r 的一次方，立体角则使用球的表面积除以半径的平方。使用面积的单位 m^2 或 cm^2 都是长度单位的平方。和它们对应的 r 也要做平方。除以 r 的平方后，立体角没有了实际的单位，就是一个比值。

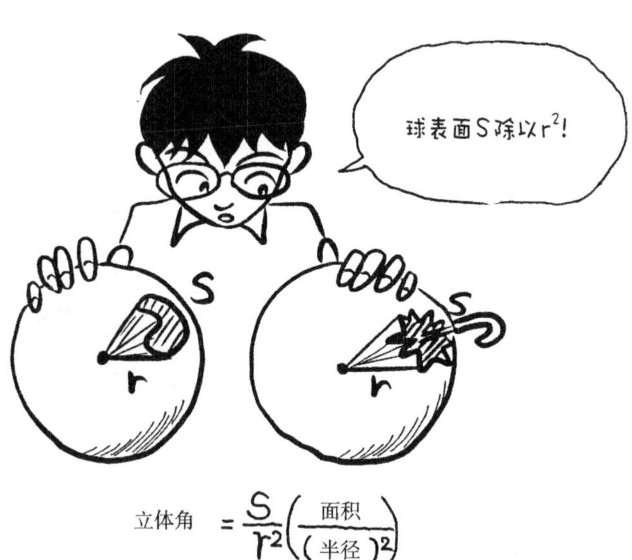

$$立体角 = \frac{S}{r^2}\left(\frac{面积}{(半径)^2}\right)$$

Q 立体角的单位是什么?

▼

A sr

因为立体角 = 球表面积 ÷（半径）^{2}，分母分子的单位都是长度的平方，所以没有实际上的单位。换句话说，它可以理解成一个比。半径的平方（r^2），也就是边长为 r 的正方形的面积。球表面积 S 和这个正方形面积 r^2 的几倍的量就是 S/r^2。S/r^2 就被称为立体角，使用的单位是 sr（steradian）。

Rad（radian）是弧度的单位。Ste 是立体这个的词前缀。Steradio 就是听到的立体的声音。Radian 加上表示立体的 ste，就是所说的 steradian。

Q　1　球的立体角是多少？

2　半球的立体角是多少？

▼

A　1　球的表面积 $=4\pi r^2$

球的立体角 $=(4\pi r^2)/r^2=4\pi$（sr）

2　半球的表面积 $=2\pi r^2$

半球的立体角 $=(2\pi r^2)/r^2=2\pi$（sr）

球的立体角是 4π，半球的立体角是 2π。r^2 被约分掉，就没有了。不论半径的大小是多少，立体角的大小是不受影响的。

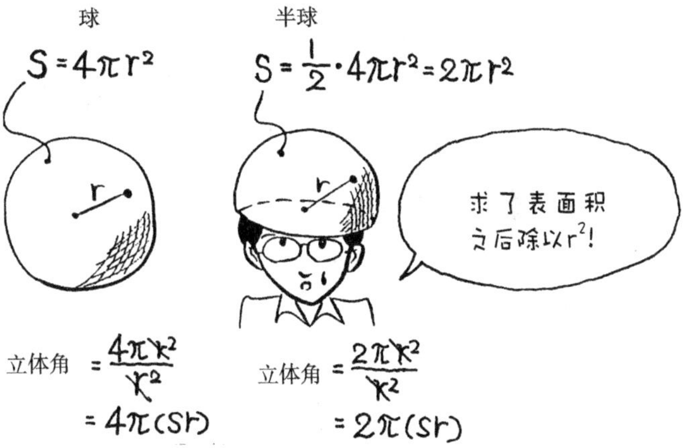

球

$S=4\pi r^2$

半球

$S=\frac{1}{2}\cdot 4\pi r^2=2\pi r^2$

r

r

求了表面积

之后除以 r^2！

立体角 $=\frac{4\pi r^2}{r^2}=4\pi(\mathrm{sr})$

立体角 $=\frac{2\pi r^2}{r^2}=2\pi(\mathrm{sr})$

Q　1　半径为 1m 的时候，如何用弧度表示 180°？

2　半径为 2m 的时候，如何用弧度表示 180°？

▼

A　1　弧度 =（弧长 / 半径）=（2 · π · 1/2）/1=π（rad）

2　弧度 =（弧长 / 半径）=（2 · π · 2/2）/2=π（rad）

不论半径是 1m、2m，还是 3m，180° 用弧度表示都是 π。180° 的弧度不随半径的变化而变化。

无论计算时使用的半径是多少，相同角度的弧度值都是相同的。因为是进行相同的计算，比起用 2 或 3 作为半径来计算，用 1 计算更方便。因此，用半径 =1 的圆进行计算的方法是很常见的。单位不论是 m、cm，还是 mm，都是一样的，因此和单位没有关系。

半径 =1 的圆被称为单位圆，是非常重要的一个计算方法。

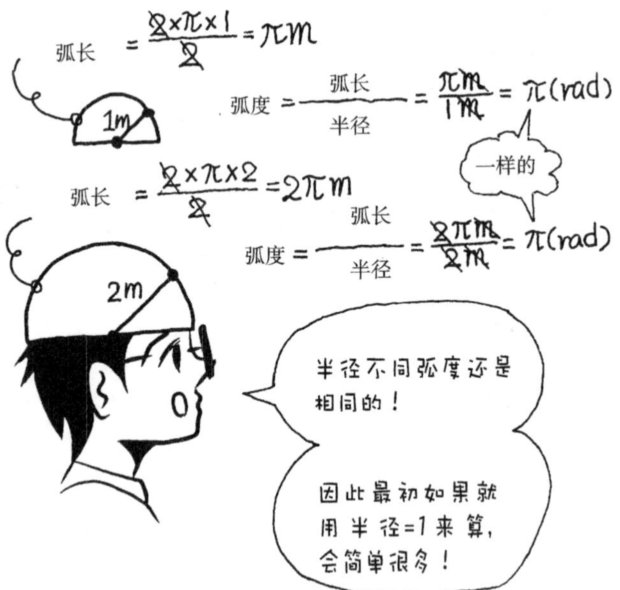

Q　1　半径为 1m 的时候，半球的立体角是多少？

2　半径为 2m 的时候，半球的立体角是多少？

▼

A　1　立体角 =（球表面积）/（半径）^{2}=（4・π・1・1/2）/1^2=2π（sr）

2　立体角 =（球表面积）/（半径）^{2}=（4・π・2・2/2）/2^2=2π（sr）

半径是 1m 还是 100m，半球围成的角度表示的立体角都是 2π。不论用什么半径来计算，算的都是相同的立体角。既然是相同的计算，那用半径为 1 来计算会简单很多。不论是 m、cm，还是 mm，都是一样的，和单位没有关系。

半径 =1 的球叫做单位球，同单位圆一样常被使用。

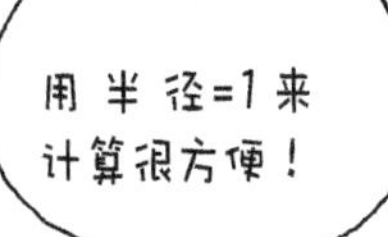

$$表面积 = \frac{4 \cdot \pi \cdot 1^2}{2} = 2\pi$$

$$立体角 = \frac{表面积}{半径^2} = \frac{2\pi}{1^2} = 2\pi(sr)$$

$$表面积 = \frac{4 \cdot \pi \cdot 2^2}{2} = 8\pi$$

$$立体角 = \frac{表面积}{半径^2} = \frac{8\pi}{2^2} = 2\pi(sr)$$

Q 半径为 r 的半球放在水平面上，在垂直上方用平行光线往下照，水平面上的投影面积是多少?

▼

A πr^2

半球的投影是圆。圆的面积是 πr^2，因此投影面积就是 πr^2。

因此，用平行光线照射，并且求在水平面上的投影的方法，叫投影或投射。

Q 能够照到半球全方位的镜头是什么镜头?

▼

A 鱼眼镜头。

鱼眼镜头能够拍摄半球的全方向，水平的 360°，垂直的 180° 所看到的全部东西。用鱼眼镜头拍摄的照片能够知道建筑物占了整个照片多少篇幅。

从半球中心看到的景色，是景色先投影在半球上，然后再投影在平面上的投影。在底面的圆上照到的东西，就是鱼眼镜头照出来的照片。

实际上的鱼眼镜头更加复杂，以下是数学的画图法，有必要修正一下。

Q 立体角投影是什么?

▼

A 任意图形先在半球表面，然后在底面上的投影，就是这个任意图形投影的图形。

用鱼眼镜头拍照片，就是用这种方法，水平面上能看到的影像都投影到圆上。任意图形在半球上的投影，又投影到水平面上了。

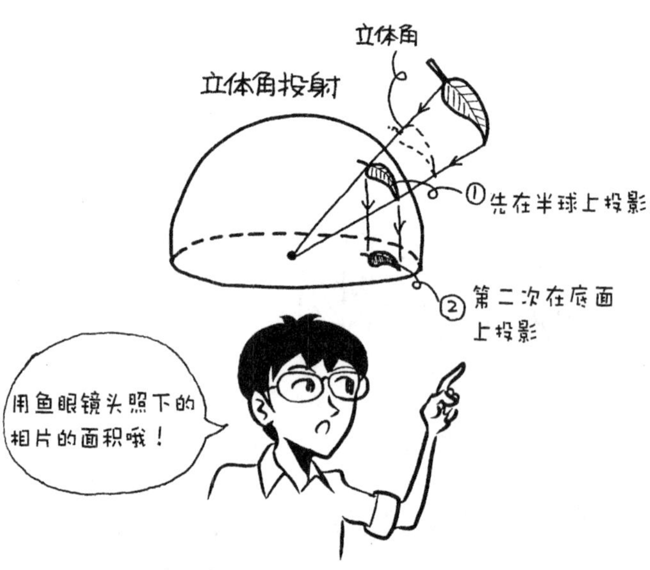

Q 用立体角投影的话，主要能看到什么？

▼

A 投影面积

立体角的投影是某图形在半球表面上的投影（S'），然后 S' 在底圆上投影得到的面积（S"）。投影占地面圆面积多少就是多少。

和底圆的面积相比，考虑 S" 的面积占了底圆多少，就是考虑这个图形在全方位视野中占了多少。

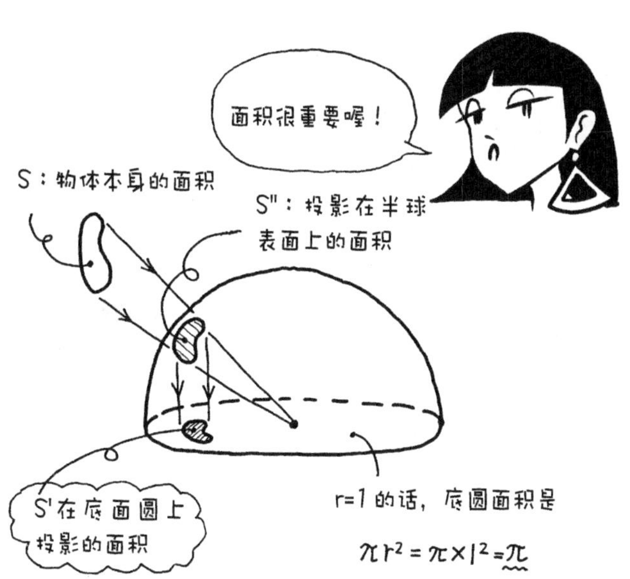

Q 立体角投射率的公式是什么?

▼

A (立体角在底面圆的投影面积)/(底圆面积)

以鱼眼镜头照下的相片为例，是表示那个形状的投影在底面占得多少面积的比例。50%的话，就是占据了照片一半的面积。也就是说，立体角投射率就是任意图形所占面积的比例。建筑的压迫感、天空的开阔感、窗户的开放感，都可以用数字表示出来。

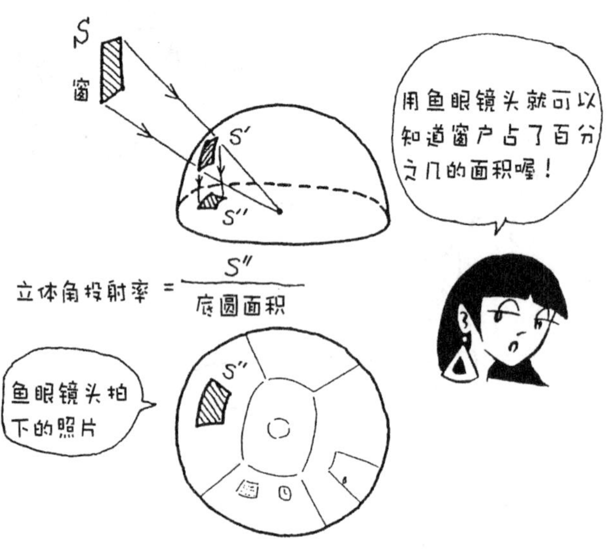

Q 从路上看到的建筑的立体角投射率，表示什么呢?

▼

A 建筑投影面积占视野全部面积的比例，表示的是建筑的压迫感。

用鱼眼镜头拍下的照片中，建筑投影面积占视野全部面积的比例就是建筑的立体角投射率。建筑投影所占的面积越大的话，建筑物的压迫感就越大。

因为是把建筑的压迫感数值化的产物，也使用到了立体角投射率。

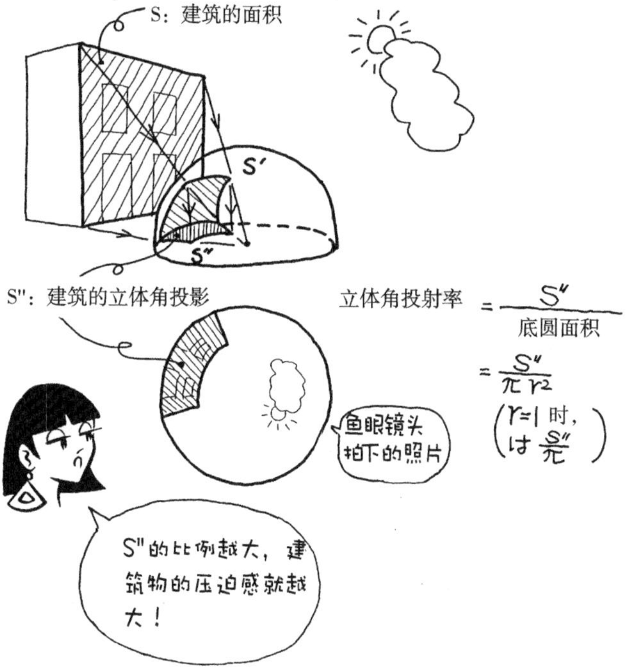

S：建筑的面积

S′

S″

S″：建筑的立体角投影

鱼眼镜头拍下的照片

立体角投射率 $= \dfrac{S''}{\text{底圆面积}}$

$= \dfrac{S''}{\pi r^2}$

($r=1$ 时，は $\dfrac{S''}{\pi}$)

S″的比例越大，建筑物的压迫感就越大！

Q 在路上看到建筑时，那个建筑以外的天空的立体角投射率表示什么呢?

▼

A 天空的面积占全部视野的多少，表示的是天空的开放感。

用鱼眼镜头照下的相片中，建筑物以外的天空面积所占比例就是天空的立体角投射率。天空所占的面积比例越大的话，开放感就越大。因为是天空的开放感数值化的产物，也使用到了立体角投射率。与上文所提到的建筑物的压迫感相反。天空的立体角投射率我们也称作天空率,也在建筑的基本法中出现。选定一个建筑物，假定建筑以外的都是天空（不算其他建筑物），来计算天空率。天空率在一定数值以上，建筑压迫感被判断比较小的情况下，依照法律才有建造的可能。

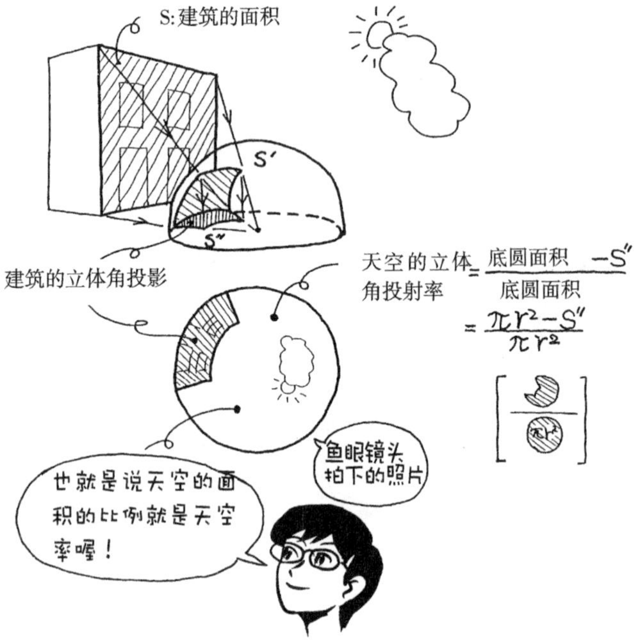

Q 从室内看的话，窗的立体角投射率如何表示？

▼

A 窗的面积占视野全部的比例，用从窗户进来的光线在水平面上形成的投影表示。

用鱼眼镜头拍摄的相片中，窗的面积所占比例就是立体角投射率。如果窗占的面积大，就会有更多的从窗外来的光在水平面上被照下来。

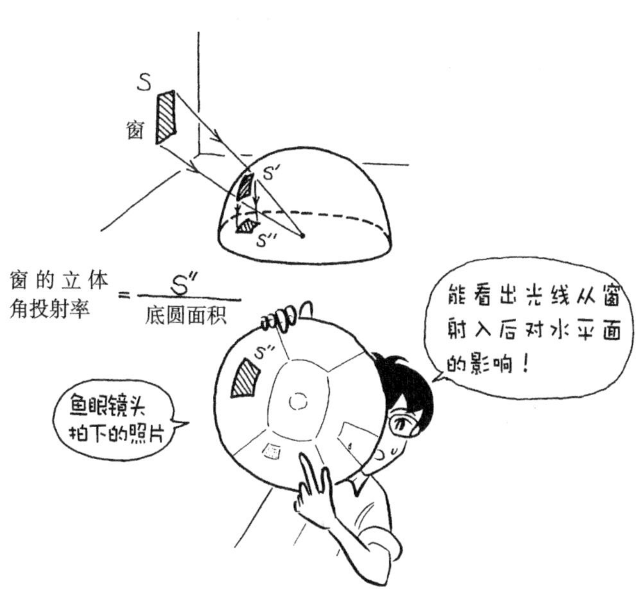

Q 要求窗的面积的立体角投射率的话，要用什么和什么的光的投影效果来比呢？

▼

A 窗在水平面的投影效果与没有建筑物的情况下天空中所有光对水平面效果的比。

假定天空来的光是一样的，先不考虑太阳的直射光线。在去掉建筑物的情况下，整个半球面都会被光照射。将它投影到水平面上，就是整个底圆。

另一方面，用鱼眼摄像机拍摄下窗的光，就会出现立体角投影面积。求出窗的立体角投射率，就求出了窗在水平面的投影效果与天空中所有光的效果的比。

这被称作日光率。这个比例用来表示接收了多少来自空中的光，相对于天空中所有光水平面的亮度等。比起用来求窗子的大小，更多用在求桌面的照度等情况下。

有建筑物的情况下　　没有建筑物的情况下

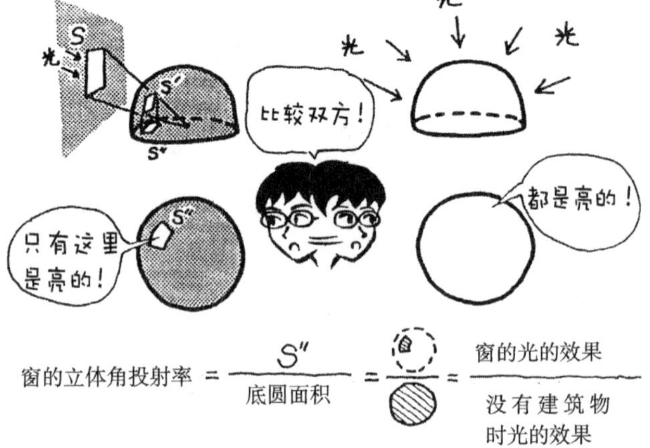

Q 为什么考虑光对水平面的影响时，不用对半球面的投影 S′，而是用它再对水平面的投影 S″?

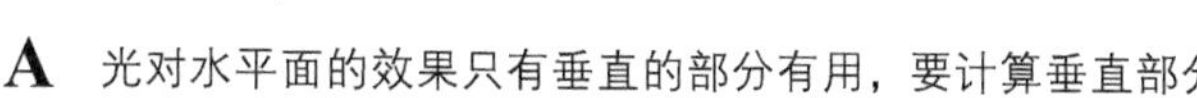

A 光对水平面的效果只有垂直的部分有用，要计算垂直部分就要用立体角投射面积。

如果这里读不明白，暂时不用在意请继续读。

虽然能看到的是半球上的投影面积 S′，但考虑的是光对水平面的效果。

完全平行的光对水平面没有效果。垂直的光对水平面的效果是100%。把光的强度称为 F，Fcos θ 就是垂直的部分。将可见的面积向水平面投影时，被乘以的部分就是 cos θ 。
用下图思考一下半球上的小面积 S′ 与它的投影 S″。S″=S′cos θ 。将可见面积投影到水平面时，被乘以的部分就是 cos θ 。
也就是说，和水平面投影面积 S″ 相比与和同光量的 cos θ 倍相比是一样的。S″ 如果是 2 倍的话，对水平面的效果也是 2 倍的。所以采用立体角投射率。

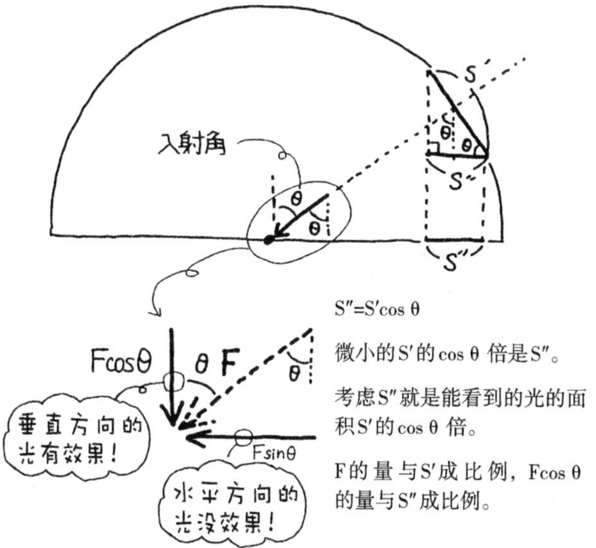

Q 位移是什么?

▼

A 拥有大小和方向的量

比如说，向东北这个方向前进 5m 的距离的时候，同时拥有 5m 这个距离（距离也是大小的一种）、东北这个方向这两个量的话，就称为位移。

同样的，向东移动 10m，向南移动 10m，也都是位移。移动的时候，比起单单移动了 5m，加入了方向的量使用起来更简单。

向北走了 10m，再向南走了 5m，走过的路程是 15m，移动的位移是 5m。方向有很重要的关系。因此，在使用大小的同时，也要顾及方向。

位移在结构力学中与力、光、热、风速都有关系，是建筑中最基本的东西。在高中学过又忘了的人，在这里一定要记住!

Q 从 A 点移动到 B 点的位移，应该如何书写呢?

▼

A $\overrightarrow{AB}$

从 A 点移动到 B 点，既有距离大小也有方向，可以称为位移。从 A 点移动到 B 点，按照这个顺序写成$\overrightarrow{AB}$就可以了。

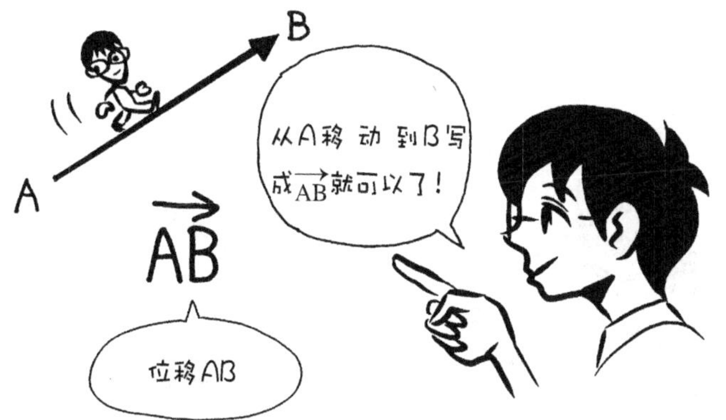

Q 从 A 移动到 B，再从 B 移动到 C。这个移动用位移的式子该如何表示?

▼

A $\overrightarrow{AB}+\overrightarrow{BC}=\overrightarrow{AC}$

移动时大小和方向都有的量叫做位移。从 A 移动到 B，再从 B 移动到 C，结果就是从 A 移动到 C，这个就是向量的加法。

向量的加法就是，按照顺序把向量的起点和终点连接，结果是把最初的起点和最终的终点连接起来的产物。

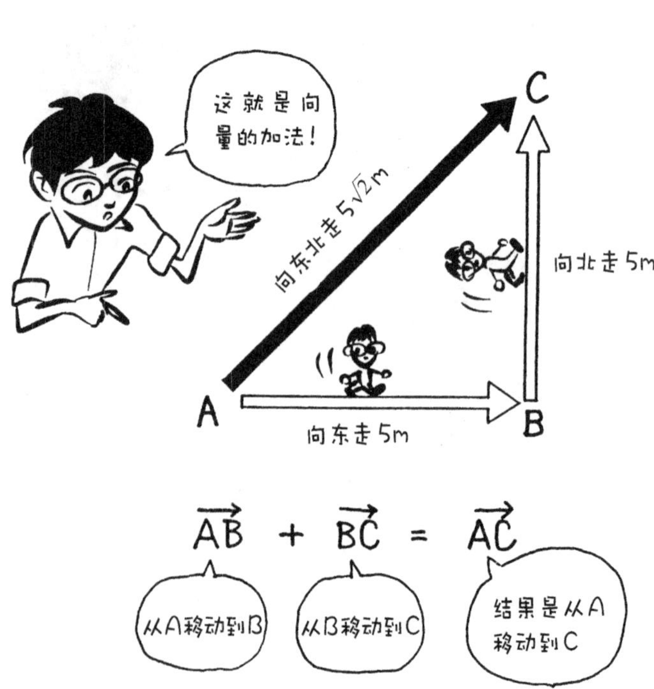

Q 从 A 移动到 B，从 B 移动到 C，从 C 移动到 D，从 D 移动到 E，最后从 E 移动到 F。这个移动用位移的式子该怎么写呢？

▼

A $\overrightarrow{AB}+\overrightarrow{BC}+\overrightarrow{CD}+\overrightarrow{DE}+\overrightarrow{EF}=\overrightarrow{AF}$

从 A 开始按顺序移动，最终到达 F，向量的加法最终得出的结果是$\overrightarrow{AF}$。

像这样，把向量的终点和起点（箭头的前端和末端）连接起来，就是向量的加法。

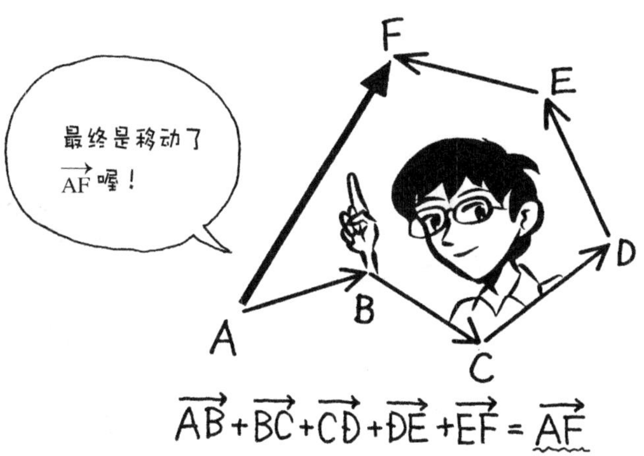

Q 如果向量平行移动的话，是变了，还是不变？

▼

A 还是一样的。

向量是拥有大小和方向的量。即使位移发生了平行移动，大小和方向还是不变的。

向东北移动了 5m 的向量，无论移动到哪里，都是一样的。从东京向东北移动了 5km 和从大阪向东北移动了 5km，虽然最终到达了不一样的地方，但是移动的部分是一样的。向东北移动了 5m，向西南移动了 100km，东京也好，大阪也好，纽约也好，在哪里都是一样的。

Q 从 A 点出发向东移动了 6m 到达了 B 点，接着向西移动了 3m 到达了 C 点。结果就是从 A 点到达了 C 点，那么到底是往哪个方向移动了多少呢?

▼

A 向东移动了 3m

对于目前来说，这是个很重要的概念。因为方向不同，所以不能进行单纯的 6m+3m=9m 的加法计算。

向量的加法和方向是有关系的，计算时要考虑加上去的是哪个方向。在这里，通过这个例子再实际感受一下向量是拥有大小和方向的量。

单纯的加法的话，相对于位移来说我们把它称为路程。路程只有大小没有方向。在上述例子中，它就是移动的量。总共的移动量就是 6m+3m=9m。

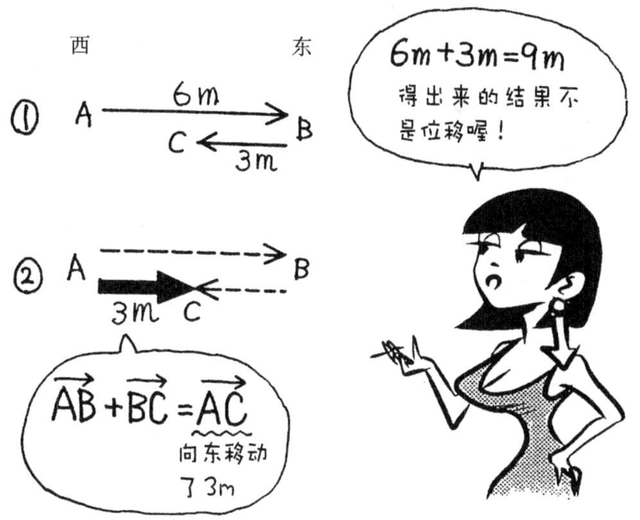

Q 作图表达向量的加法$\overrightarrow{AB}+\overrightarrow{BC}=\overrightarrow{AC}$时，可以使用的两种方法是什么？

▼

A 方法 1：连接向量（矢量）的起点和终点，作三角形第三边的方法。

方法 2：把向量$\overrightarrow{BC}$平行移动，从 B 点移到 A 点，做平行四边形对角线的方法。

在方法 1 中，我们以移动一边为例来说明一下这个方法。把从 A → B 的移动和 B → C 的移动加起来，最终的结果就是从 A → C 移动。用图形来表示的话，就是三角形的第三边。

把方法 1 中作的三角形的向量$\overrightarrow{BC}$平行移动到 A 的话，向量$\overrightarrow{AC}$就是平行四边形的对角线，这就是方法 2。

向量是拥有大小和方向的量。这也就是说，当大小、方向都相同时，就是相同的向量。即使平行移动了，也还是一样的量。

让我们一起记住三角形法则和平行四边形法则吧！

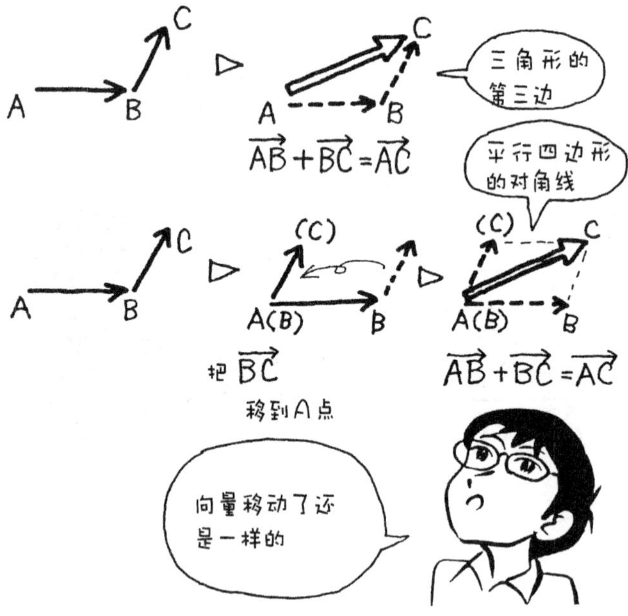

Q　1　请在下图中作出$\overrightarrow{AB}+\overrightarrow{BC}$

2　请在下图中作出$\overrightarrow{AB}+\overrightarrow{AD}$

3　请在下图中作出$\overrightarrow{AB}+\overrightarrow{EF}$

▼

A

1　在 Q1 中，$\overrightarrow{AB}+\overrightarrow{BC}$的结果就是三角形的第三边。如果能考虑到移动的话就会简单很多。先从 A → B 移动，然后再 B → C，结果就是从 A → C。

2　在 Q2 中，$\overrightarrow{AB}+\overrightarrow{AD}$的结果就是平行四边形的对角线。平行移动三角形一边的向量，就能构成一个平行四边形。

3　Q3 是一组分开的向量，平行移动之后就能构成三角形或者平行四边形了。

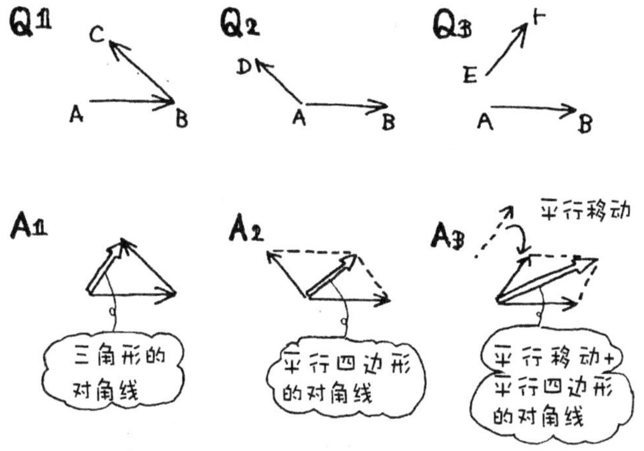

Q 可以举出使用到向量的实际例子吗?

▼

A 位移、速度、加速度、力、力矩、热、光、声音等。

如果要说有大小和方向的量的话，无论是什么都一定会用到向量。这时，正如上回所说的，都可以用到向量的加法了。

Q 向 x 轴方向移动 4 个单位，向 y 轴方向移动 3 个单位，用坐标轴如何表示这个向量？

▼

A （4，3）

在坐标轴中，因为都是用数字来表示要素，因此使用起来非常简便。任意向量的坐标用 x 和 y 放在括号里表示。水平方向（x 轴方向）向右移动 4 个单位，竖直方向（y 轴方向）向上移动 3 个单位的话，就能表示成（4，3）。

Q 向量（4，3）的大小是多少?

▼

A 因为$\sqrt{4^2+3^2}=\sqrt{25}=5$，所以大小就是 5。

根据勾股定理，直角三角形斜边的平方等于直角边的平方和，这样就可以求出向量的大小。

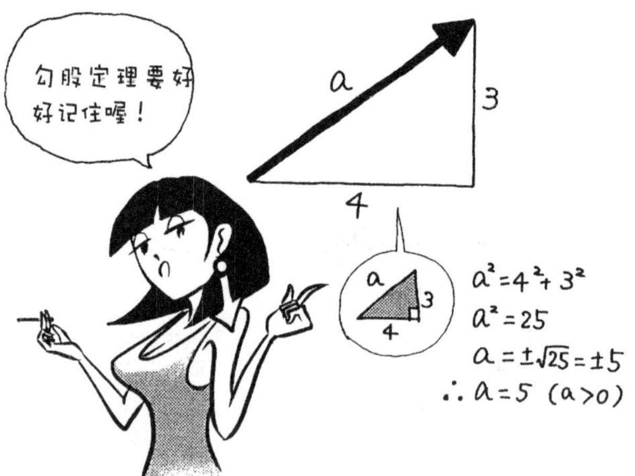

Q 向左移动 3，向下移动 4 的向量，用坐标轴如何表示？

▼

A (-3，-4)

X 轴方向向右是正，向左是负，y 轴方向向上是正，向下是负。和坐标的使用方法是一样的。

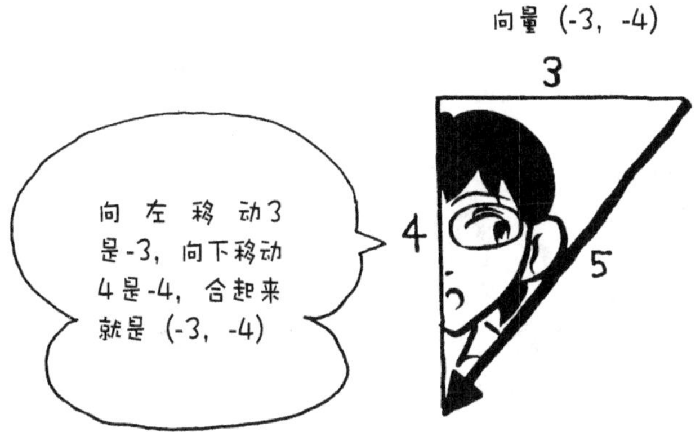

Q 向量（3，2）和向量（3，4）相加的话是多少?

▼

A （3，2）+（3，4）=（6，6）

向量的加法就是坐标的简单相加。因为向量的加法很简单，因此成分表示很方便。

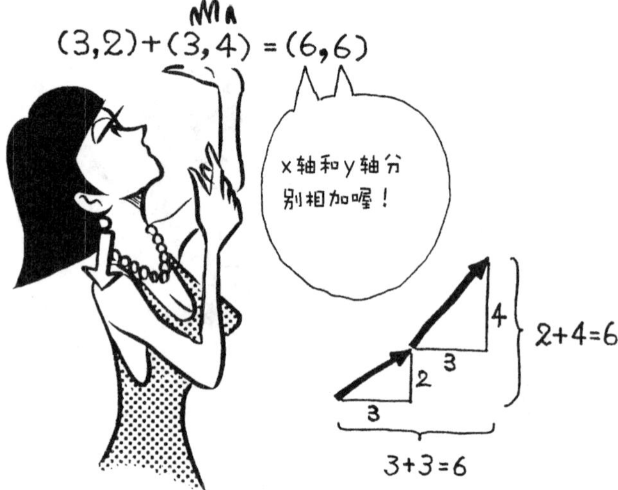

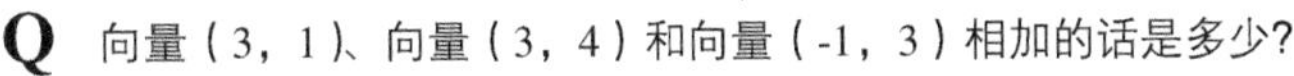

Q 向量(3, 1)、向量(3, 4)和向量(-1, 3)相加的话是多少?

▼

A (3, 1) + (1, 3) + (-1, 3) = (3+1-1, 1+3+3) = (3, 7)

把 x 轴和 y 轴分别相加，这样简单、机械的计算就是向量的加法。当向量数很多的时候，这种方法就很简单了。

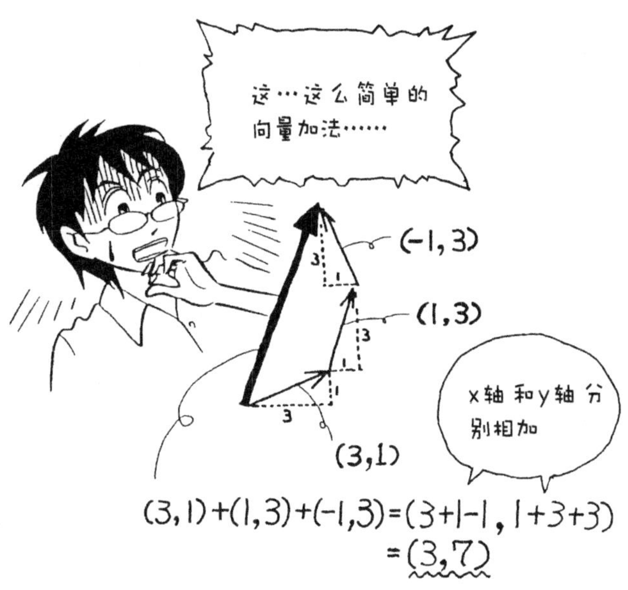

Q 向量（2，1）和向量（1，2）相加，得出的向量的大小和方向如何？

▼

A 大小是 $3\sqrt{2}$，方向是 45°

首先进行向量的加法运算，（2，1）+（1，2）=（3，3）。如果用 a 表示向量的大小的话，$a^2=3^2+3^2$，$a=3\sqrt{2}$。计算与 x 轴的夹角时，$\tan\theta=y/x=3/3=1$。因此，tan θ 所表示的角度就是 45°。

一般来说，求 tan θ 会得到 0.25 或 1.25 等数字。这时候，就是要求正切表示的数字 0.25、1.25 的角度。向量的成分要是用数字来表示的话，大小和角度都能够简单求得。

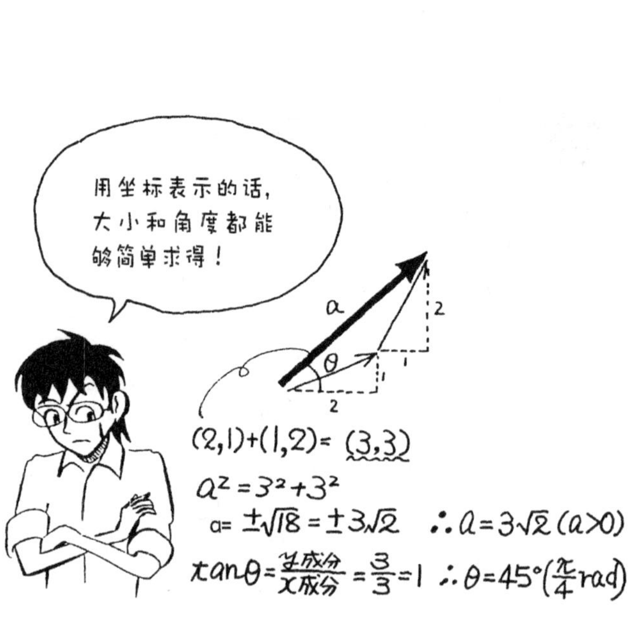

Q 从坐标上的 A 点（1，4）移动到 B 点（4，2）的话，向量是多少?

▼

A （3，−2）

B 点坐标减去 A 点坐标，就能得到向量$\overrightarrow{AB}$。

（4，2）−（1，4）=（4−1，2−4）=（3，−2）

因此，向量$\overrightarrow{AB}$就是（3，−2）。

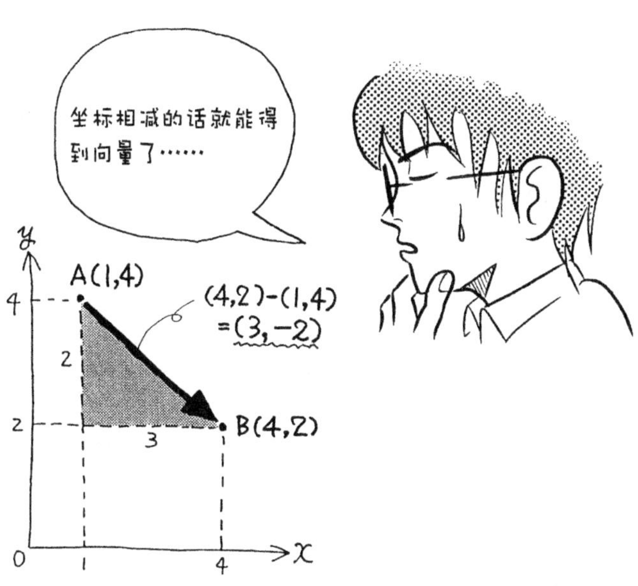

Q 向量$\overrightarrow{OB}$（4，2）减去向量$\overrightarrow{OA}$（1，4），结果是什么？

▼

A $\overrightarrow{OB}-\overrightarrow{OA}=(4,\ 2)-(1,\ 4)=(4-1,\ 2-4)=(3,\ -2)$

求从 A 到 B 的向量$\overrightarrow{AB}$，与前一问的向量的减法相比，计算方法基本是一样的。

向量的减法，就是 x 坐标与 x 坐标相减，y 坐标与 y 坐标相减的计算。A 点的坐标为（1,4），向量$\overrightarrow{OA}$用坐标轴表示是（1，4），同样的，B 点的坐标为（4,2），向量$\overrightarrow{OB}$用坐标轴表示是（4，2），向量$\overrightarrow{AB}$就可以用：$\overrightarrow{OB}-\overrightarrow{OA}$求得。因为，

$\overrightarrow{OA}+\overrightarrow{AB}=\overrightarrow{OB}$，

把加法式子左边的$\overrightarrow{OA}$移到右边去，就变成

$\overrightarrow{AB}=\overrightarrow{OB}+\overrightarrow{OA}$。

坐标也表示向量的两个分量，向量在坐标中的移动通过减法能够得出，这样的 2 点要好好记住。

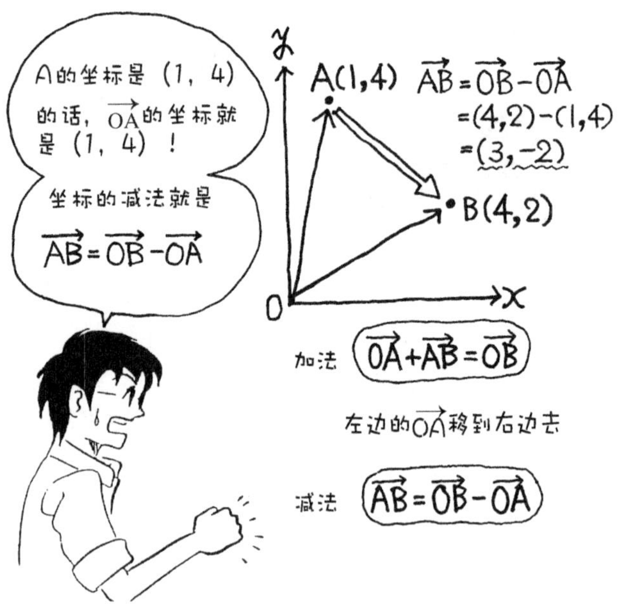

Q 向量$\overrightarrow{XY}$，用向量$\overrightarrow{OX}$、$\overrightarrow{XY}$如何表示?

▼

A $\overrightarrow{XY}=\overrightarrow{OY}-\overrightarrow{OX}$

从 O 点到 X 点，再由 X 点到 Y 点，结果就是由 O 点到 Y 点。如果用向量表示就是 $\overrightarrow{OX}+\overrightarrow{XY}=\overrightarrow{OY}$，

是向量的相加。将左边的$\overrightarrow{OX}$移到右边就成了 $\overrightarrow{XY}=\overrightarrow{OY}-\overrightarrow{OX}$。
记住矢量 = 初 – 末吧。向量也好，坐标也好，都是前端减后端。

Q X 点的坐标是 (3, 1), Y 点的坐标是 (1, 3), 则$\overrightarrow{XY}$的坐标是多少?

▼

A $\overrightarrow{XY}=\overrightarrow{OY}-\overrightarrow{OX}$ = (1, 3) - (3, 1) = (1-3, 3-1) = (-2, 2)

矢量 = 初一末，向量也好，坐标也好，都是一样的。坐标轴的话，也有从原点 O 出发来表示的向量。

Q 向量$\overrightarrow{OA}$ = (4, 3) 要用 x 轴方向的向量$\overrightarrow{OX}$和 y 轴方向的向量$\overrightarrow{OY}$相加表示，那么向量$\overrightarrow{OX}$ 、$\overrightarrow{OY}$是多少?

▼

A $\overrightarrow{OA}$= (4, 3) = (4, 0) + (0, 3)

因此，$\overrightarrow{OX}$就是 (4, 0)，$\overrightarrow{OY}$是 (0, 3)。

向量$\overrightarrow{OA}$的 x 坐标，就是 x 轴方向上$\overrightarrow{OX}$的大小，它的 y 坐标，就是 y 轴方向上$\overrightarrow{OY}$的大小。

$$\overrightarrow{OA} = \overrightarrow{OX} + \overrightarrow{OY}$$

就像这样，x 轴方向上和 y 轴方向上的向量相加，就是把向量分解到 x 轴和 y 轴上变成 2 个向量，再进行计算。这种分解经常出现。

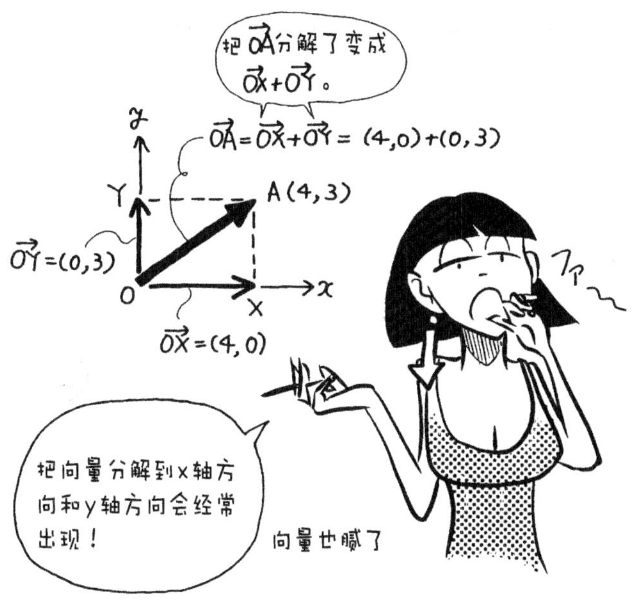

Q 力的 3 要素是什么?

▼

A 大小、方向、作用点

力和向量一样，都有大小和方向。力的话比向量多了一个作用点。

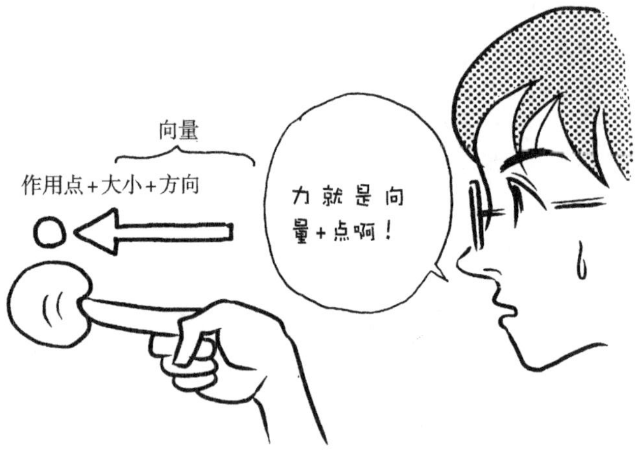

Q 1 向量进行平行移动的话，是（相同的，不同的）向量?
2 力也进行平行移动的话，是（相同的，不同的）力?

▼

A 1 相同的

2 不同的

因为向量是拥有大小和方向的量，只要大小和方向相同的话就是相同的向量。因此，即使把它平移之后还是一样的。

比如说，向北移动 5m，不管是在哪里向北移动 5m，都是一样的。

另一方面，力是由大小、方向和作用点决定的。3 要素不同的话，就不能说是同一个力。平移的话，就改变作用点了。

Q 什么情况下移动的力作用效果仍相同呢?

▼

A 在作用线（力的向量方向的延长线）上移动的时候

在力的作用线上移动的话，力的作用效果是一样的。也就可以说，是相同的力了。为了使这个概念容易理解，就比如说，我们一起拉一条绳子，无论在绳子的哪个位置上拉，作用效果都是一样的，这时候，绳子就相当于作用线。

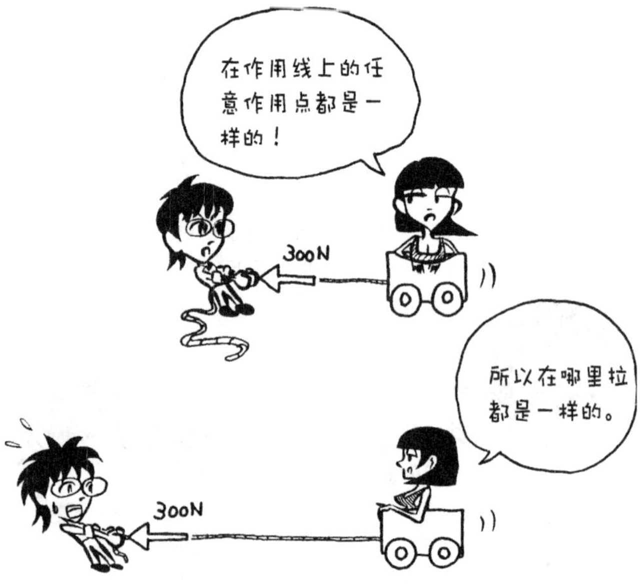

Q 力矩是什么？

▼

A 物体绕轴旋转运动的能力，用力 × 力臂来计算。

力矩 = 力 × 力臂

$= F \times a$　　　　$= F \times a$

Q 1 力是 10N，力臂是 10cm 的话，力矩是多少？

2 力是 10N，力臂是 20cm 的话，力矩是多少？

▼

A 1 力矩 = 力 × 力臂 =10N × 10cm=100N · cm（=1N · m）

2 力矩 = 力 × 力臂 =10N × 20cm=200N · cm（=2N · m）

离旋转中心越远的力矩越大。比如说在拧螺丝时，使用相同的力，但在外侧拧的力矩要大些，拧起来也就轻松一些了。

因为力矩是力 × 力臂，所以单位就是 N · cm（牛厘米）、N · m（牛米）等。

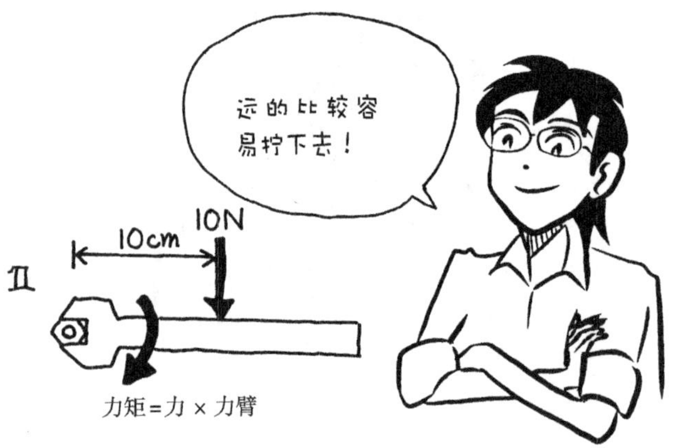

力矩=力 × 力臂

=10N × 10cm=100N · cm（1N · m）

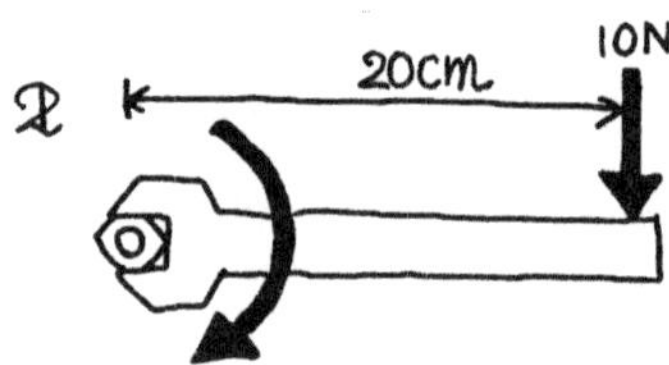

力矩=力 × 力臂

=10N × 20cm=200N · cm （2N · m）

Q 体重为 50kg 的人和体重为 100kg 的人一起坐跷跷板。50kg 的人坐在离跷跷板中心 2m 的地方，则体重为 100kg 的人要坐在离中心多少米的位置，才能使之平衡?

A 1m

如果绕支点旋转的力矩相加起来为零的话，跷跷板的来回运动就能保持水平。在下图中，质量为 50kg 的人重力为 50kgf，这个 50kgf 的力能够产生一个绕支点中心旋转的顺时针的力矩。

顺时针的力矩 =50kgf × 2m=100kgf · m

另一方面，离支点仅有 x 米的 100kgf 的力，能产生一个逆时针的力矩。

逆时针的力矩 =100kgf × xm=100xkgf · m

这两个力矩的大小是相等的，当它们相加之后就会相互抵消。与没有力矩是一样的，力矩消失的话，就不会发生旋转，跷跷板则不会来回运动，保持水平。使两者相等的话，则

100x=100，得 x=1（m）

因此，100kg 的人就坐在离中心 1m 的位置上。

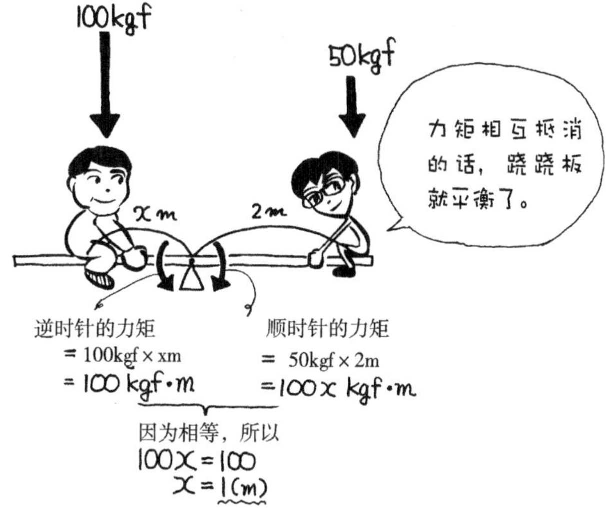

Q A 向 B 施加了 50kgf 的力，那么 A 受到 B 给它的力是多少？

▼

A A 受到在同一直线上反向 B 的 50kgf 的力。这就是作用力的反作用效果，作用力与反作用力的法则。

有作用力就一定会有反作用力。大小相等，方向相反，作用在同一直线上。作用力和反作用力是对于两个物体而言的，受力平衡是对于一个整体而言的。

因为容易记错，所以就记住作用力与反作用力是两个物体之间，受力平衡是一个物体。

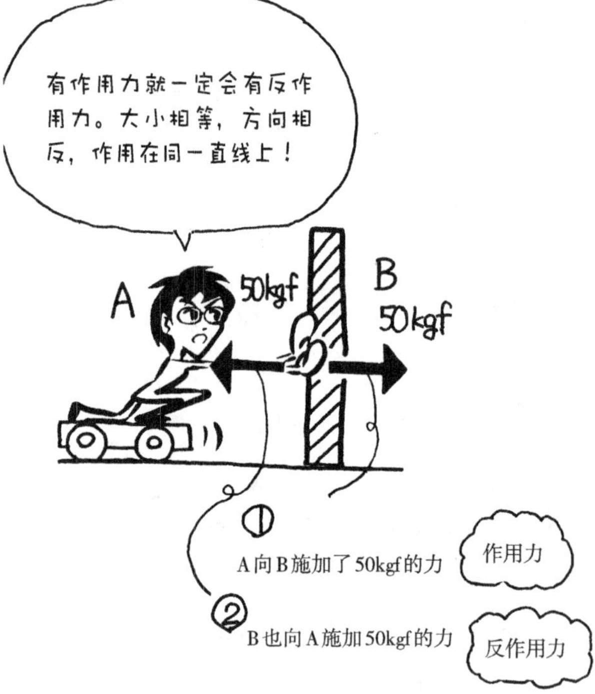

有作用力就一定会有反作用力。大小相等，方向相反，作用在同一直线上！

A

50kgf

B

50kgf

① A 向 B 施加了 50kgf 的力　作用力

② B 也向 A 施加 50kgf 的力　反作用力

Q 某个物体在静止的时候，施加在物体外部的力的和（合外力）是怎样的状态?

▼

A 静止就说明合外力为零，或者所受外力平衡。

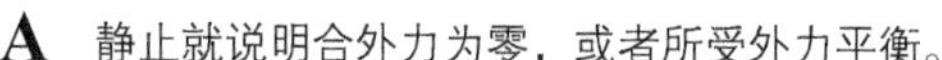

在物体上施加力的作用的话，在力的方向上就会产生一个加速度。静止不动的时候，没有外来力的作用，或者就是受力平衡。

受力平衡的话，与没有受到力的作用效果是一样的，不会生成一个加速度。匀速运动的物体没有加速度，受力也平衡。

建筑是主要使用的静止的物体，也就是说，建筑所受的力之间是平衡的。要构造方程的话，就要从平衡条件下手。受力平衡的话，就和没有受到外力的状态一样，不会产生加速度，保持静止状态。但是，当物体内部的力得不到平衡时，物体就会发生形变等情况。有关于作用于内部的力，我们在别的章节再讨论。

Q 某个物体受到向右的 50N 的力和向左的 50N 的力，这两个力的方向不在同一条直线上（倾斜了），物体会如何运动?

▼

A 旋转

因为向右、向左的力大小相同，因此在 x 轴（水平方向）上是受力平衡的。但是，力的作用不在一条直线上，便产生了力矩。
在下图中，两个力距离中心点都有 x 的距离。和中心点相应的两个力矩，分别都是 50N × xm=50xN · m，两个加起来就是 100N · m。
大小相等，方向相反，作用线不在同一条直线上的一对力，叫做力偶。力偶是一对特殊的力矩。
有力偶作用的话，平衡方程就是 x、y 轴方向（水平、垂直方向）上受力为零。但是，有力矩的话，物体就会旋转。因此，在考虑平衡的时候，也要注意力偶。
力偶的大小就是其中一个力的大小 × 两个力之间的距离。无论中心设定在何处，得出的力偶的大小是相同的。

Q 某个物体受到从左向右的5N的力，又受到从右向左的5N的力，两个力之间的距离为2m，力矩（力偶）的大小是多少？

▼

A 力偶的大小=其中一个力的大小×两者之间的距离 =5N×2m=10N·m

设以O点为中心的力矩，各个力离支点的距离都是1m，

O点的力矩=5N×1m+5N×1m=10N·m

设以A点为中心点求力矩。从左边过来的力没有力臂，所以力矩为零。从右边过来的力的力臂长为2m。

A点的力矩=5N×2m=10N·m

无论从O点算还是从A点算，力矩的大小都是相同的。

因此在计算力偶的时候，力偶的中心无论在哪里，都是一样的。

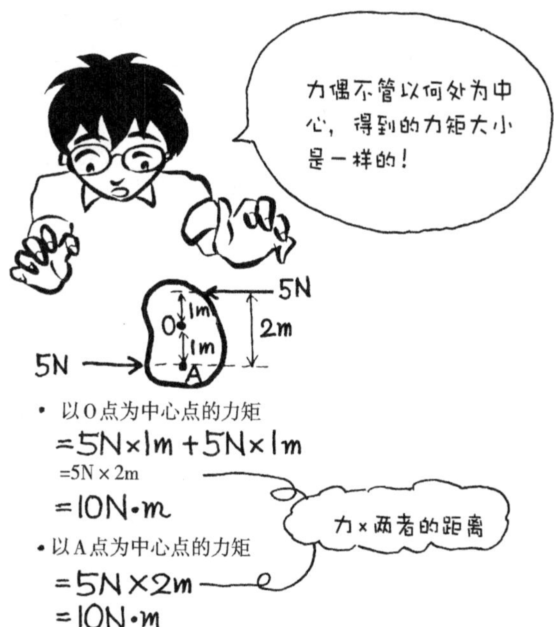

Q 把某个物体从外界受到的力分解到 x、y 方向上。则使物体平衡静止的条件是什么?

▼

A 在 x 方向上的合力 =0(在 x 方向上受到的力平衡)

在 y 方向上的合力 =0(在 y 方向上受到的力平衡)
任意点的合力矩为 0(力矩受力平衡)

x、y 方向和 M 力矩 3 方面都是 0，3 个条件都处于平衡才是平衡的条件。只有 x、y 方向上的平衡，但却有力偶的存在，是不行的。即使 X 方向上合力为 0，y 方向上合力为 0，力的作用线不在同一条直线上，也会生成力偶。这样的话，物体就会旋转。
没有力偶的必要条件是力矩之和 =0。无论是以哪处为中心都好，都不能有力矩和不为零。应该选取任意适当的点来求力矩之和，然后确定力矩之和为零。

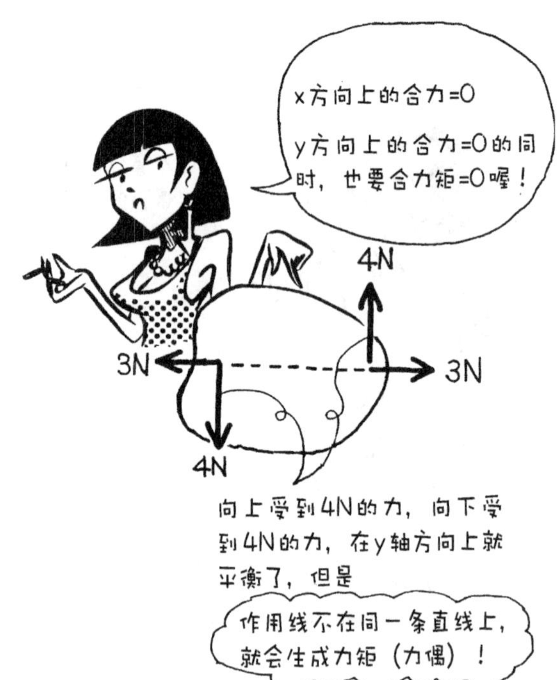

Q 当直角三角形相邻的直角边为 3:4 时，斜边是多少?

▼

A 5

3 ：4 ：5 是有名的三角形的三边比。

用勾股定理（毕达哥拉斯定理）来求，则

$$3^2+4^2=9+16=25=5^2$$

因此，斜边就是 5。

让我们一起记住 3 ：4 ：5 这个三边比吧！

Q 当直角三角形的直角边长是 a、b，斜边长是 c 的时候，a、b、c 的关系是什么？

▼

A $a^2+b^2=c^2$

这就是勾股定理。

边长是 a 的正方形面积是 A，边长是 b 的正方形面积是 B，边长是 c 的正方形面积是 C，这三者的关系是

A+B=C

这样简单的关系，换成相应的边长平方即可（证明是下节的内容）。A 是 a 的平方，B 是 b 的平方，C 是 c 的平方，这是勾股定理的基础。以前没有记住的人，在这里我们再次一起记住吧！

Q 如何用前问的勾股定理证明下面正方形的面积 A+B=C？

▼

A 在图 1 中我们把 C 分成 C_1、C_2 两部分。这里需要证明 A=C_1、B=C_2。

在图 2 中，要是能够证明三角形面积 D 和 E 相等的话，他们的两倍分别是 A 和 C_1，那就可以证明 A=C_1 了。
在图 3 中，三角形 E 顶点在同一条横线上移动构成的 E'，因为底边相同，高的大小不变，所以面积是相同的。所以 E=E'。
在图 4 中，三角形 E' 和旋转后的三角形 E'' 是形状、大小相同（全等）的三角形，面积也相同。因此，E'=E''。
在图 5 中、三角形 E'' 和顶点横向移动后的 D 底边相同，高的大小不变，因此面积相同的。所以可以得出 D=E''。
这样，就可以证明 D=E 了。因为 D=E，所以 A=C_1，同理可得，B=C_2，因此 A+B=C，也就可以证明勾股定理 $a^2+b^2=c^2$ 了。

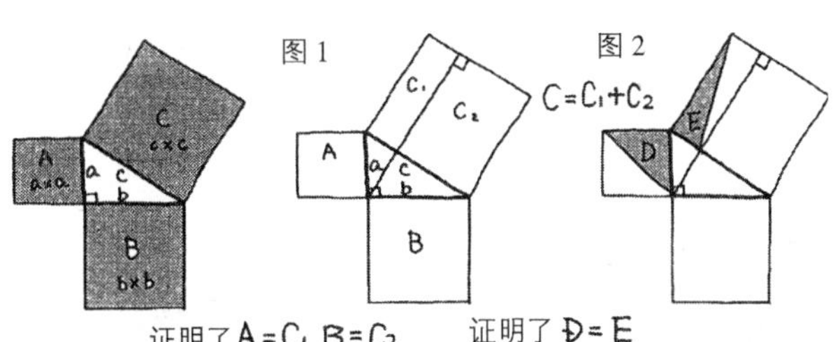

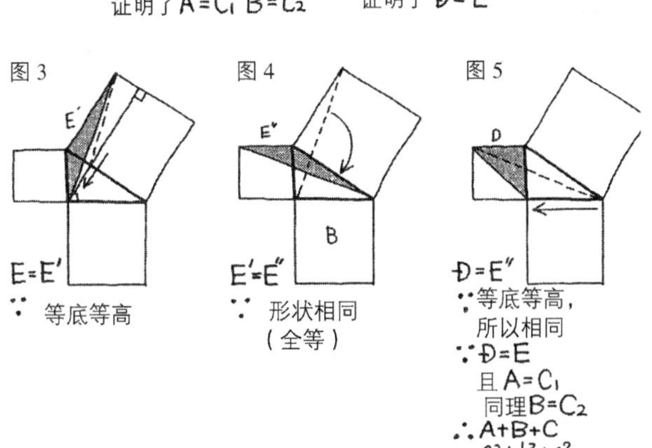

Q 1 有 30° 和 60° 的直角三角形的三边关系是什么？
2 有 45° 的直角三角形的三边关系是什么？

▼

A 1 $1:2:\sqrt{3}$

2 $1:1:\sqrt{2}$

这就是有名的三角形比例，都是 1、2、3 这些简单数字的比，与 3∶4∶5 一起记住吧。

它们分别是正三角形、正方形的对半分的直角三角形。简单的图形比例也是简单的。

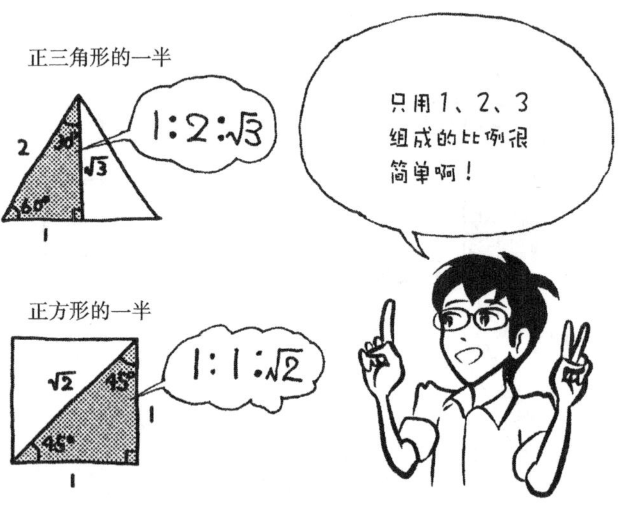

Q 1 $\sqrt{2}$ 是什么?

2 $\sqrt{3}$是什么?

A 1 $\sqrt{2}$是平方之后是 2 的数。$\sqrt{2}\approx 1.41421356$

2 $\sqrt{3}$是平方之后是 3 的数。$\sqrt{3}\approx 1.7320508$

平方之后是 2 的数是 2 的平方根。2 的平方根有 2 个，正的是$\sqrt{2}$，负的是 $-\sqrt{2}$。负数在平方后也会成为正数，因此平方根有 2 个。平方根和根号,这两者严谨的说是有一些区别的。在实际学科（工科）上，记住$\sqrt{2}$就是平方之后是 2 的数就 ok 了。

Q 有一个 45° 角的直角三角形，若斜边长是 1，则其他边边长是多少?

A $\sqrt{2}/2$

因为是 1 : 1 : $\sqrt{2}$的直角三角形，当$\sqrt{2}$对应的边长是 1 时，就要计算一下大小。

假设其他一条边长是 x 的话、可以建立以下比例式。

$1:\sqrt{2}=x:1$

比例的计算就是内项积 = 外项积。

$\sqrt{2}x=1$

因此，$x=1/\sqrt{2}$。虽然这样的答案也是可以的，但是也可以继续对分母的$\sqrt{2}$进行计算。$\sqrt{2}$写作小数的话，不是 1.41414……的循环小数，而是无理数。当分母是无理数时，就要去除分母的无理化。去除分母上的无理数，就是分母有理化。

分母有理化，就是给分子和分母同乘以相同的数$\sqrt{2}$。分子和分母同乘以$\sqrt{2}$和乘以 1 是一样的，和原来的数还是一样的。

$x=1/\sqrt{2}=\sqrt{2}/(\sqrt{2}\times\sqrt{2})=\sqrt{2}/2$

因此，边长大小是$\sqrt{2}/2$。

施力方向是 45° 的力 F 分解到 x、y 方向上，按照这个比算出来都是 $(\sqrt{2}/2)$ F。

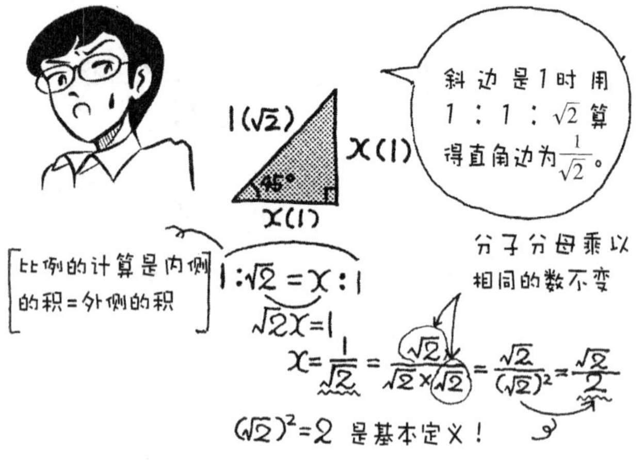

Q　sin30°=？

▼

A　sin30°=1/2

Sin 就是直角三角形对边 / 斜边这个比。知道 S 的手写体就可以靠这个 S 形来记住这个比。因为 sin、cos 使用方便，所以有必要记住。只要事先把某个角度的 sin、cos 值对表查出，就可以很方便地得出它分解到 x、y 方向上的值。

不太擅长 sin、cos 的人，觉得烦感的人，我们可以从 sin 开始一起记。

Q 1 $\sin45°=?$

2 $\sin60°=?$

▼

A 1 $\sin45°=1/\sqrt{2}=\sqrt{2}/(\sqrt{2}\times\sqrt{2})=\sqrt{2}/2$

2 $\sin60°=\sqrt{3}/2$

直角三角形中角对边 / 斜边的比就是 sin。写做三角形边长比的话，就是斜边分之对角直角边，求得就是 sin。

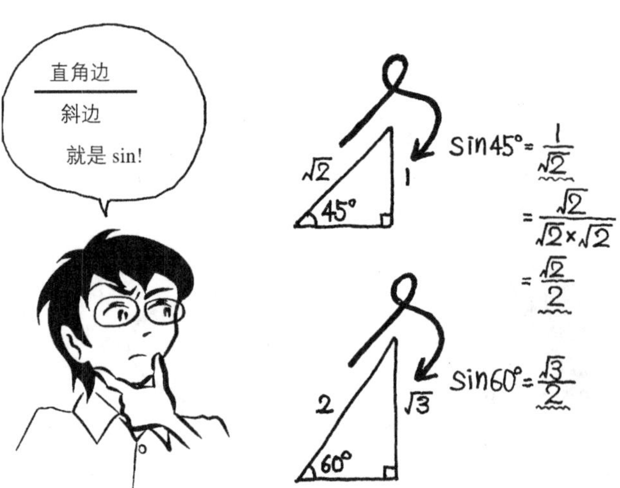

Q con30°=?

▼

A $con30° = \sqrt{3}/2$

cos 就是邻边 / 斜边。30° 的邻直角边：斜边 =2：$\sqrt{3}$

$con30° = \sqrt{3}/2$

邻边 / 斜边的形状可以用 cos 的 C 形来记忆。

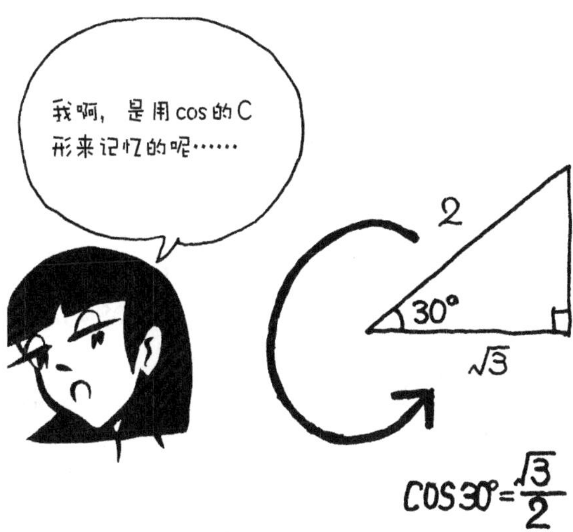

Q 1 cos45°=?

2 cos60°=?

▼

A 1 $\cos 45° = 1/\sqrt{2} = \sqrt{2}/(\sqrt{2} \times \sqrt{2}) = \sqrt{2}/2$

2 $\cos 60° = 1/2$

邻直角边 / 斜边就是 cos。写做三角形边长的比的话，带入式子 cos 就出来了。写做 C 的形态的话，不会有问题的。

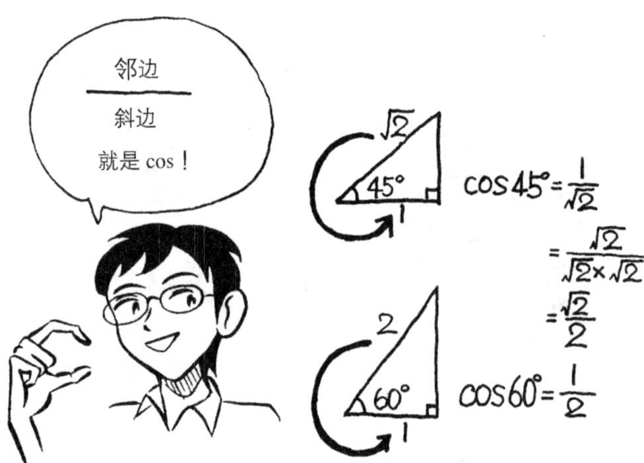

Q 有一个30° 角的直角三角形，若斜边长是F的话，对直角边是多少？

▼

A F sin30°

建立对直角边为 x 的比例式子。

F ：x=2 ：1

因为内项的积 = 外项的积，

2x=F

所以，x=1/F。我们可以把这个式子看成 x=（对直角边 / 斜边）×F。又因为对直角边 / 斜边就是 sin，

x=sin30° × F

一般来说，容易把不一样的 F 和 30° 混淆，因此把 sin 置后，所以写作

x=F sin30°

对直角边 =sin × 斜边，要求对直角边的话，就要好好记住正弦函数。

Q 有一个 30° 角的直角三角形，若斜边长是 F 的话，邻直角边是多少？

▼

A F cos30°

首先，建立邻直角边为 x 的比例式子。

$F : x=2 : \sqrt{3}$

因为内项的积 = 外项的积，

$2x=\sqrt{3}F$

所以，$x=(\sqrt{3}/2)F$。这个式子就是 x=（邻边 / 斜边）×F。又因为邻边 / 斜边就是 cos，因此：

$x=\cos30°\times F$

和 sin 的书写一样，如果把 F 写在后面，就有可能被认为和 cos 中的角度是一起的，因此一般把 cos 写在后面，也就是写作

$x=F\cos30°$

邻边 =cos× 斜边，要求邻边的话，就要好好记住余弦函数。

Q 直角三角形的斜边 F 与水平线夹角为 θ，则 F 分解到水平方向、垂直方向各是多少?

▼

A F 分解到水平方向的大小 =F cos θ

F 分解到垂直方向的大小 =F sin θ

F 分解到水平方向是 F cos θ，垂直方向就是 F sin θ。只要记住 sin 的 S 形、cos 的 C 形，就可以分清楚哪个是哪个。

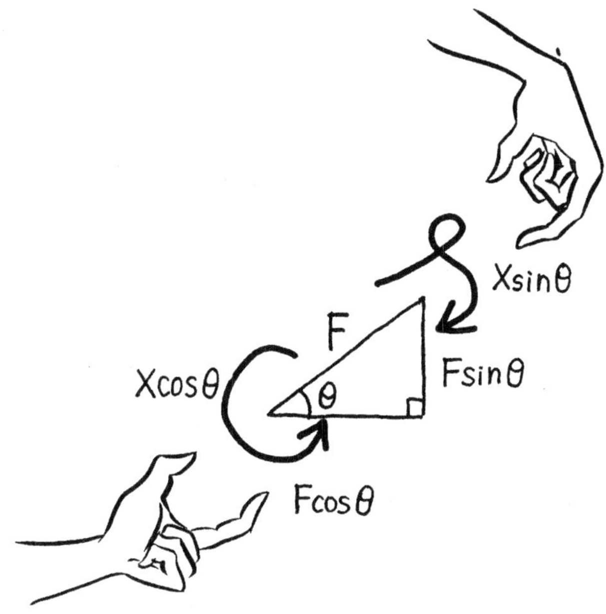

Q 有一直线垂直平分桌面、入射角为 θ 的光线 F 射入，则 F 在垂直方向上的大小是多少？

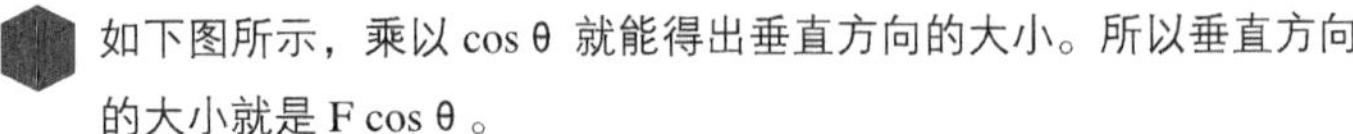

▼

A F cos θ

如下图所示，乘以 cos θ 就能得出垂直方向的大小。所以垂直方向的大小就是 F cos θ 。

一般来说，入射角表示的是与平面的垂线（也称为法线）相对应的夹角。

无论是光还是声音，入射角就是相对于垂线来说的夹角。因此，垂直方向大小可以用 cos θ 来求得。

入射角为 θ 的 F 在垂直方向的大小 =F cos θ

用以上方法来记的话，就会很方便。有光照的时候，桌子的亮度只与垂直方向的入射光有关。即便入射光为 F，配合角度，就是 Fcos θ ，这是与桌子亮度有关系的部分。

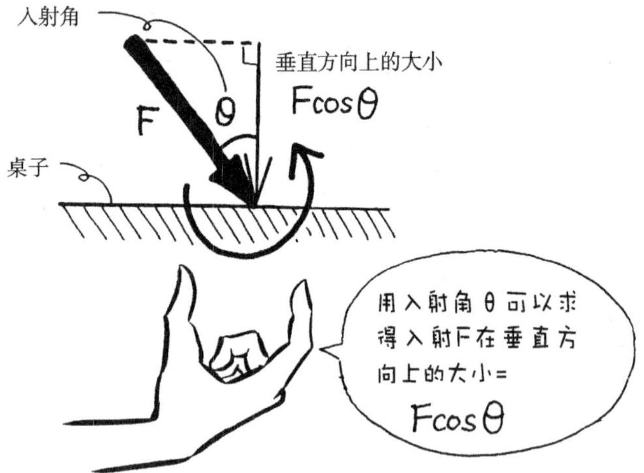

Q 与垂直于桌面的光线相对，以 θ 角度射入的光线 F 的水平方向大小是多少?

▼

A F sin θ

如下图所示，θ 是与相反侧的角度与光线所围成的角。乘以 sin θ 就得到水平方向上的大小。水平方向上的大小就是 F sin θ 。

垂直方向上的大小 =F cos θ

水平方向上的大小 =F sin θ

要记住垂直方向就是 cos，水平方向就是 sin。和桌面平行的光线的水平部分是不会照射到桌面上的，这与桌面的光亮程度无关。斜着照射的光线分解到水平和垂直的方向上，只有垂直的方向上是有效的。

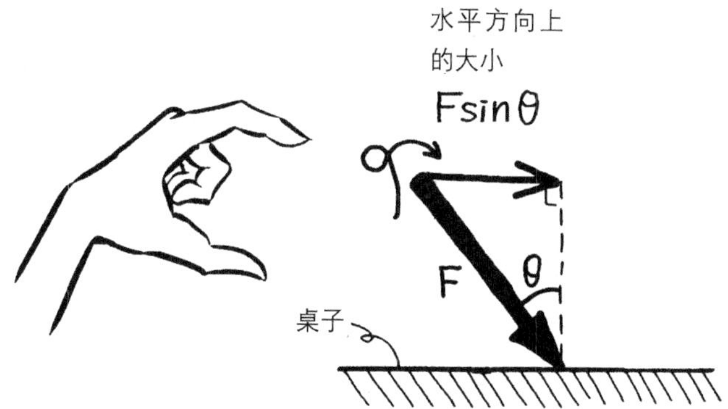

Q $\tan 60° = ?$

▼

A $\tan 60° = \sqrt{3}/1 = \sqrt{3}$

正切就是对边 / 邻边。三角关系如下图所画，用对边 / 邻边表示，就是$\sqrt{3}$。

tan 的比例关系就用书写体 t 的顺序来记住就好了！

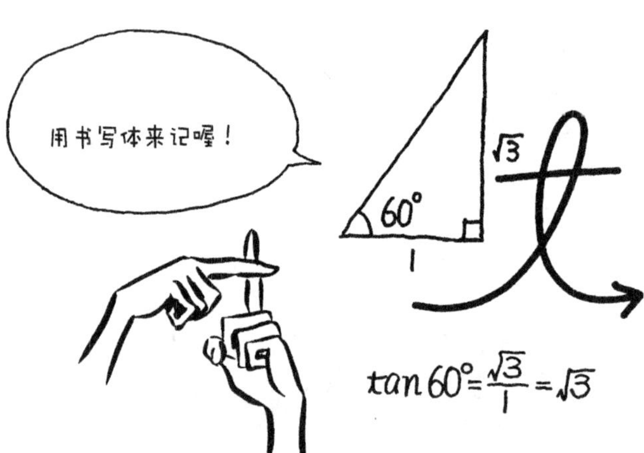

Q 水平方向夹角为 θ 的 F 的 tan 计算出来是 1 的话，θ 在 0° 以上，90° 以下，则 θ 是多少?

▼

A θ =45°

从下图可以得知，当 tan θ =1 的话，θ 就是 45°。

如果将 F 分解成 x、y 的话，可以用 $\tan=\frac{y}{x}$ 来计算。计算出来的 tan 值在数表中查出对应数值，就可以求得角度 θ 。

要先求 tan θ ,查得数表,然后再求角度。因此,tan 常用在求角度上。

Q 用直线方程 $y=(1/2)x$，求得直线与 x 轴的夹角 θ 的正切是多少?

▼

A $\tan\theta=1/2$

斜率是 1/2 就代表在 x 方向上前进 2 个单位的同时，在 y 方向上前进 1 个单位。并且 y/x 是 tan，由此得知 $\tan\theta=1/2$

因此，正切和斜率是有所关联的。

让我们一起记住 tan= 直线斜率吧。

Q 在离某棵树 10m 的地方，测得与地面的夹角为 θ，查表 $\tan\theta=0.5$，则这棵树的高度 h 是多少？

▼

A 5m

正切就是对边 / 邻边。在这里，对边 =h，邻边 =10m。因此，

$h/10=0.5$

因此，就可得知树木的高

$h=0.5\times10=5\text{m}$

若是知道树木的高，角度可测得，并且 tan 的值在数表中能找到，则距离也可求得。

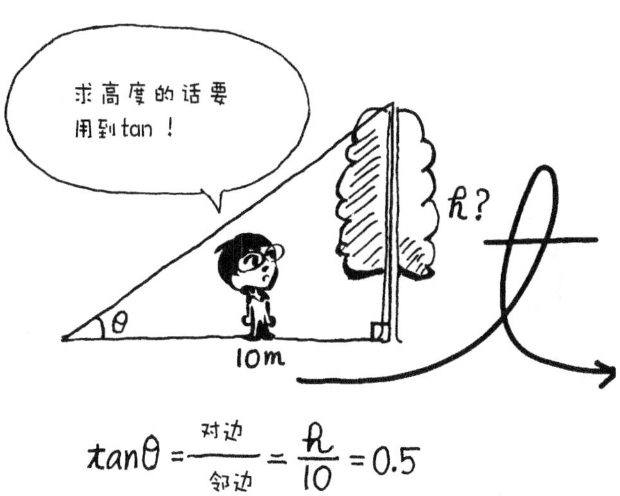

$$\tan\theta=\frac{对边}{邻边}=\frac{h}{10}=0.5$$

$$h=0.5\times10=\underline{5m}$$

Q 1 sin 30°=?

2 cos 30°=?

3 tan 30°=?

A 1 sin 30°=1/2

2 cos 30°=$\sqrt{3}/2$

3 tan 30°=$1/\sqrt{3}=\sqrt{3}/(\sqrt{3}\times\sqrt{3})=\sqrt{3}/3$

在下图中表示的三角关系

sin= 对边 / 斜边

cos= 邻边 / 斜边

tan= 对边 / 邻边

就可以算出来了。

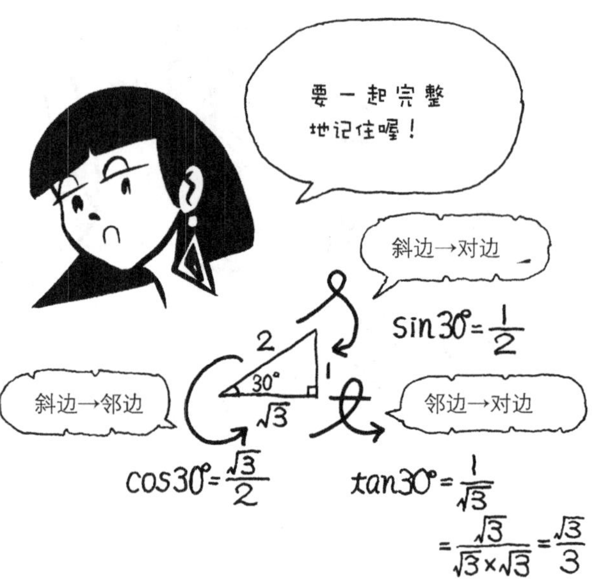

Q 1 $2^2 \times 2^3 = 2$ 的几次方?

2 $a^n \times a^m = a$ 的几次方?

A 1 $2^2 \times 2^3 = 2^{2+3} = 2^5$

2 $a^n \times a^m = a^{n+m}$

2 的平方就是把 2 乘了两次，2 的 3 次方就是把 2 乘了三次。若两者相乘的话，就是把 2 乘了五次。只要计算 2+3=5 就好了。

a 的 n 次方就是把 a 乘了 n 次，a 的 m 次方就是把 a 乘了 m 次。若两者相乘的话，就是把 a 乘了（n+m）次，就是 a 的（n+m）次方了。

考虑有多少个2就好了！

$$2^2 \times 2^3 = \overbrace{\underbrace{(2\times2)}_{2个} \times \underbrace{(2\times2\times2)}_{3个}}^{总共有(2+3)个} = 2^{2+3} = 2^5$$

Q 1 $2^3 \div 2^2=2$ 的几次方?

2 $a^m \div a^n=a$ 的几次方?

A 1 $2^3 \div 2^2=2^{3-2}=2^1$

2 $a^m \div a^n=a^{m-n}$

（2 的 3 次方）÷（2 的平方）就等于分子是 3 个 2 相乘，分母是 2 个 2 相乘。约分后，留下了（3-2）个 2，也就是 2 的 1 次方 =2。（a 的 m 次方）÷（a 的 n 次方）就等于分子是 m 个 a 相乘，分母是 n 个 a 相乘。约分后，留下了（m-n）个 a，就是 a 的（m-n）次方。

Q 1　$2^2 \div 2^4 = 2$ 的几次方?

2　$a^{-n} = 1/(\quad)$?

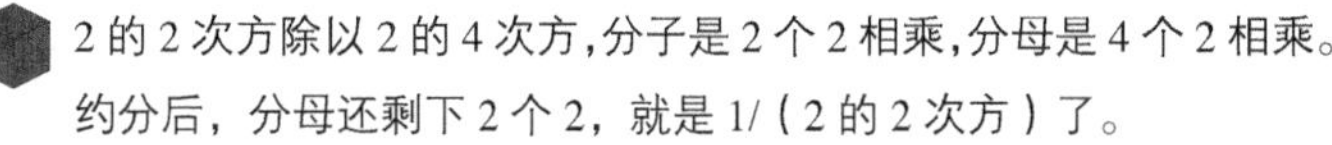

▼

A 1　$2^2 \div 2^4 = 2^{-2}$

2　$a^{-n} = 1/a^n$

2 的 2 次方除以 2 的 4 次方，分子是 2 个 2 相乘，分母是 4 个 2 相乘。约分后，分母还剩下 2 个 2，就是 1/（2 的 2 次方）了。

另一方面，根据指数的除法法则，把指数相减就可以了。

$2^2 \div 2^4 = 2^{2-4} = 2^{-2}$

因此

$2^{-2} = 1/2^2$　　成立。

负的乘方到分母上就可以了。

同样的，a 的负 n 次方就是 a 的 n 次方分之一了。

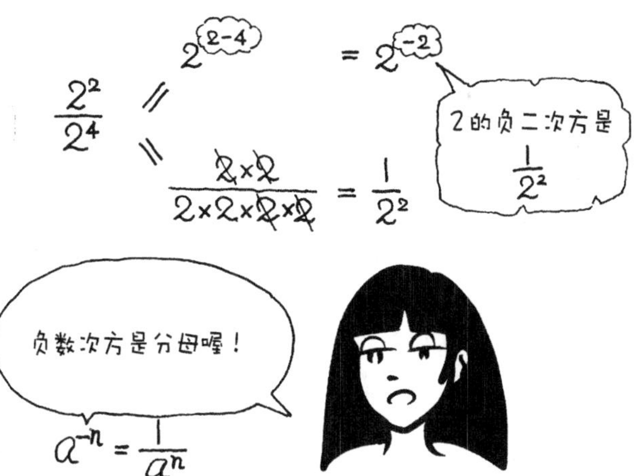

Q 1 $2^2 \div 2^2=2$ 的几次方?

2 $a^0=?$

▼

A 1 $2^2 \div 2^2=2^0$

2 $a^0=1$

指数的除法，就把指数相减就可以了。

$2^2 \div 2^2=2^{2-2}=2^0$

2 的 2 次方除以 2 的 2 次方，相同的数字相除就是 1 了。因此，2 的 0 次方等于 1。根据指数法则，一个数的 0 次方等于 1.

一般地，a 的 0 次方等于 1。这是需要记忆的。

Q

1 $2^{\frac{1}{2}} \times 2^{\frac{1}{2}} = ?$

2 $2^{\frac{1}{2}} = ?$

3 $3^{\frac{1}{2}} = ?$

▼

1 $2^{\frac{1}{2}} \times 2^{\frac{1}{2}} = 2^{\frac{1}{2}+\frac{1}{2}} = 2^1 = 2$

2 $2^{\frac{1}{2}} = \sqrt{2}$

3 $3^{\frac{1}{2}} = \sqrt{3}$

1/2 次方，该怎么考虑分数乘方呢?

当 2 的 1/2 次方相加的时候，直接把指数相加就可以了。

即 1/2+1/2=1 次方，就是 2 的 1 次方，就等于 2 了。

（2 的 1/2 次方）乘（2 的 1/2 次方），这两个同样的数相乘时就等于 2 了。

所以，2 的 1/2 次方就等于$\sqrt{2}$了。

同样地，3 的 1/2 次方就等于$\sqrt{3}$了。

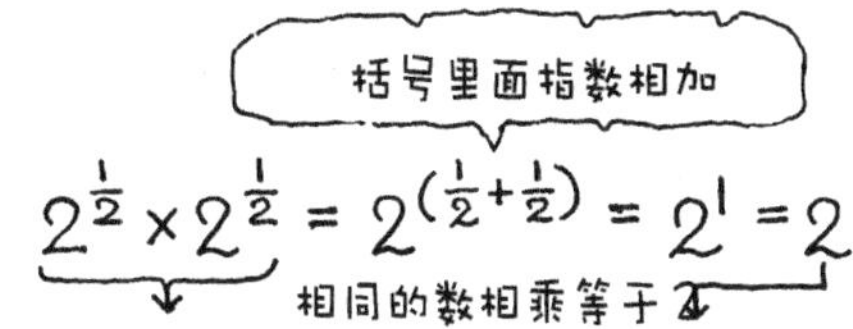

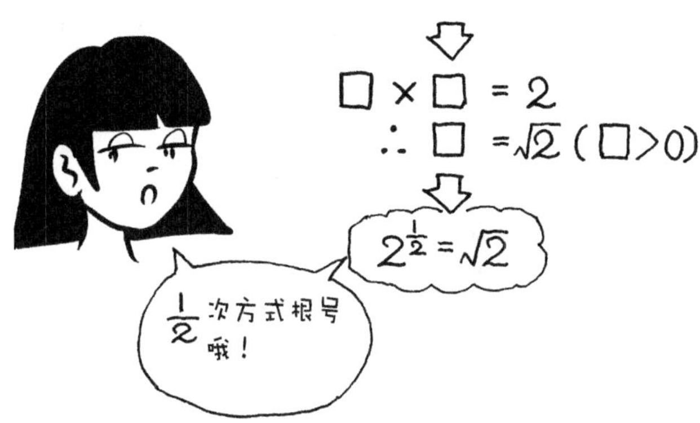

Q 1 $2^{\frac{1}{3}}\times2^{\frac{1}{3}}\times2^{\frac{1}{3}}=?$

2 $2^{\frac{1}{3}}=?$

3 $8^{\frac{1}{3}}=?$

▼

A 1 $2^{\frac{1}{3}}\times2^{\frac{1}{3}}\times2^{\frac{1}{3}}=2$

2 $2^{\frac{1}{3}}=\sqrt[3]{2}$

3 $8^{\frac{1}{3}}=\sqrt[3]{8}=2$

算乘法时，把指数相加就可以了。把 2 的 1/3 次方乘 3 次就是 2 的 1 次方就等于 2 了。

$2^{\frac{1}{3}}\times2^{\frac{1}{3}}\times2^{\frac{1}{3}}=2\left(2^{\frac{1}{3}+\frac{1}{3}+\frac{1}{3}}\right)=2^1=2$

同样的数乘 3 次就等于 2，那么这个数就等于 2 开 3 次方。3 次根号 2 的意思就是乘 3 次之后等于 2 的数。所以，2 的 1/3 次方就等于 3 次根号 2。

$2^{\frac{1}{3}}=\sqrt[3]{2}$

同样的，8 的 1/3 次方就是 3 次根号 8。把 8 开 3 次方等于 2，所以 3 次根号下 8 就等于 2 了。

$8^{\frac{1}{3}}=\sqrt[3]{8}=\sqrt[3]{2^3}=2$

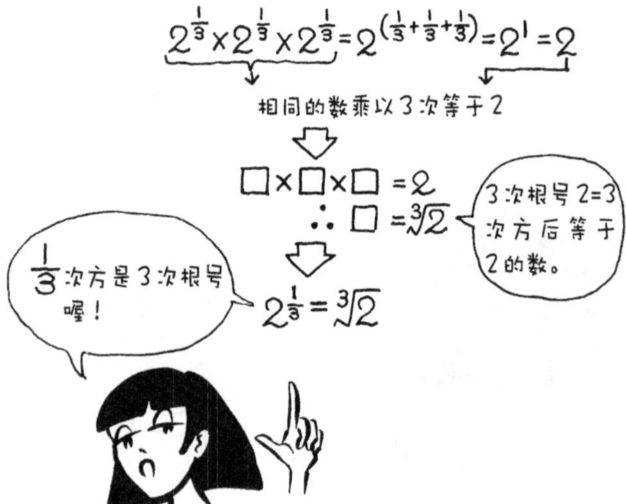

Q $4^{\frac{3}{2}}=?$

▼

A $4^{\frac{3}{2}}=8$

4 的 3/2 次方是 4 的 3 次方的 1/2 次方。首先考虑 4 的 3 次方的 1/2 次方。把 4 的 3 次方的 1/2 次方乘 2 次

$$(4^3)^{\frac{1}{2}}\times(4^3)^{\frac{1}{2}}$$

算乘法时直接把指数相加，

$$(4^3)^{(\frac{1}{2}+\frac{1}{2})}=(4^3)^1=4^3$$

因为（4 的 3 次方的 1/2 次方）是相同的数，也就可以理解成 4 的 3 次方了。平方之后等于（4 的 3 次方）的数就是根号（4 的 3 次方）了。注意的是，1/2 次方就是开根号。

$$(4^3)^{\frac{1}{2}}=\sqrt{4^3}$$

4 的 3 次方等于 64，所以

$$\sqrt{4^3}=\sqrt{64}=\sqrt{8^2}=8$$

成立。

3/2 次方就是 3 次方的 1/2 次方，也是 3 次方的开根号。

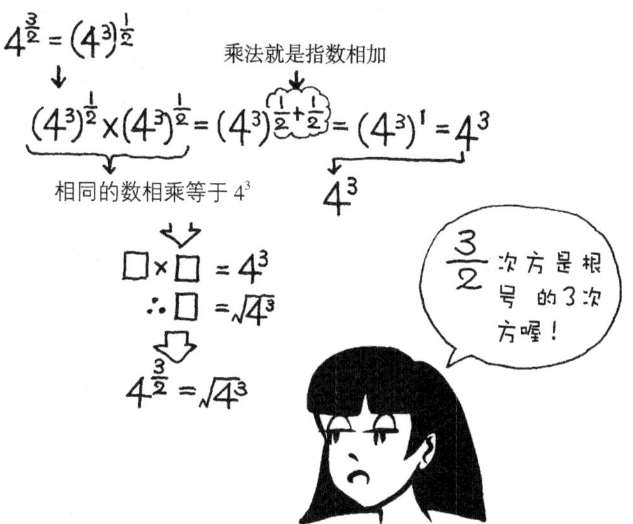

Q 1 $(4^3)^{\frac{1}{2}}=?$

2 $(4^{\frac{1}{2}})^3=?$

▼

A 1 $(4^3)^{\frac{1}{2}}=64^{\frac{1}{2}}=\sqrt{64}=8$

2 $(4^{\frac{1}{2}})^3=(\sqrt{4})^3=2^3=8$

如果前一问能够理解的话，就可以明白 3/2 次方，无论是 3 次方的 1/2 次方，还是 1/2 次方的 3 次方，结果都是一样的。

3/2 次方 =（3 × 1/2）次方 =（1/2 × 3）次方，这三者都可以相互转换。

Q $\log_{10}100=?$

▼

A $\log_{10}100=2$

$\log_{10}100$ 就是求 10 的几次方是 100 。也可以当做是求“0 的个数”。10 的平方是 100，则

$\log_{10}100=2$

10 的几次方和那个指数，在对数中也作为常用对数，如字面意思就是日常中频繁使用的对数。使用常用对数的时候，通常右下角小写着的 10 会被省略掉。

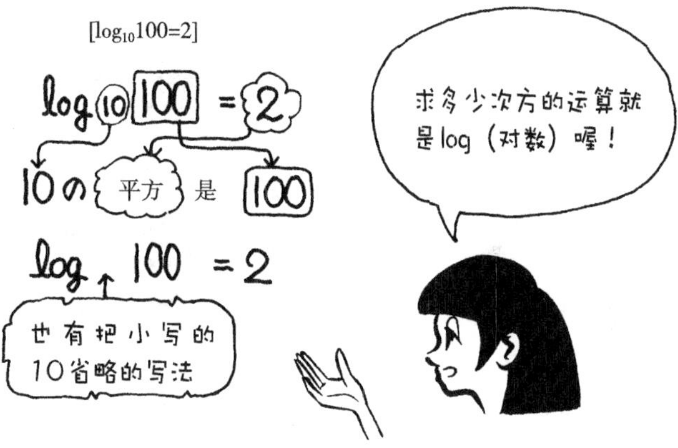

Q 常用的对数值是多少?

log10=？　log100=？　log1000=？

log10000=？　log100000=？

▼

A log10=1　log100=2　log1000=3

log10000=4　log100000=5

常用对数就是求 10 的几次方的数。1000 的话是 3 次方，10000 的话是 4 次方。也可以说是求 0 的数目。

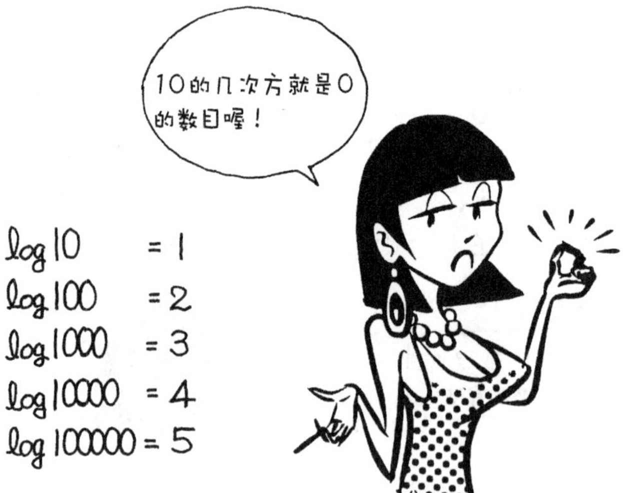

Q $\log_2 8=$？

▼

A $\log_2 8=3$

求 $\log_2 8$ 是求 2 的几次方是 8 的意思。因为 2 的 3 次方是 8，

$\log_2 8=\log_2 2^3=3$

Q $\log_2 16=?$　$\log_3 9=?$　$\log_4 64=?$

$\log_5 25=?$　$\log_6 6=?$

▼

A $\log_2 16=4$　$\log_3 9=2$　$\log_4 64=3$

$\log_5 25=2$　$\log_6 6=1$

$\log_a b$ 就是要求 a 的几次方是 b，a 称作为底，a 是 10 的话，就是常用对数，底只要是不是 1 的任意正数都可以。

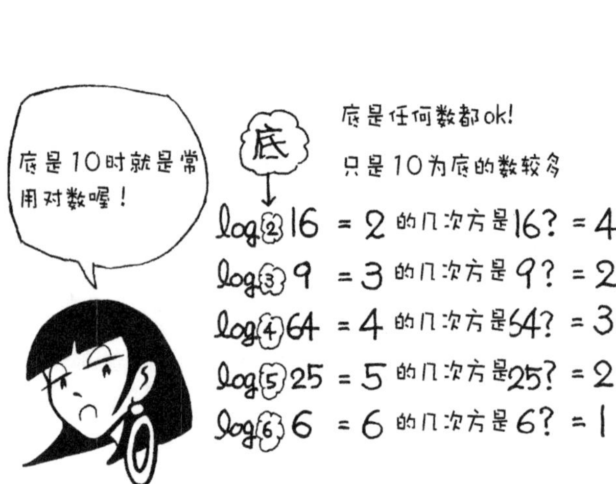

Q 以下对数是以 10 为底的常用对数。
则 log（10×100）该如何转换成 log 的加法?

▼

A log10+log100

因为 log（10×100）=log1000，log1000 可以理解成是求 10 的几次方是 1000。因为 10 的 3 次方是 1000，所以

log1000=10 的几次方是 1000？ =3

并且，

log100=10 的几次方是 100？ =2

log10=10 的几次方是 10？ =1

从这个结果来看，可以理解为

log（10×100）=log10+log100

log 就是表示 10 的几次方的数。它的乘法就是指数的加法。因此，log 的计算便可以转化成加法计算。

log10×100=log1000=10 的几次方等于 1000?=3

log10+log100=(10 的几次方是 10?)+(10 的几次方是 100?)
=1+2=3

log10×100=log10+log100

log 中的数字相乘

log 的数可以相加

Q 以下对数是以 10 为底的常用对数。
则 log（100/10）该如何转换成 log 的减法?

▼

A log100–log10

因为 log（100/10）=log10，log10 可以理解成是求 10 的几次方是 10。因为 10 的 1 次方是 10，因此

log（100/10）=log10=1

并且，

log100=10 的几次方是 100？ =2

log10=10 的几次方是 10？ -1

这个结果就可以理解为

log（100/10）=log100–log10

log 就是表示 10 的几次方的数。它的除法就是指数的减法。因此，log 的计算便可以转化成减法计算。

$$\begin{cases} \log\frac{100}{10} = \log 10 = \text{10 的几次方是 10?} = 1 \\ \log 100 - \log 10 = (\text{10 的几次方是 100?}) - (\text{10 的几次方是 10?}) \\ \quad = 2 - 1 = 1 \end{cases}$$

$$\log\frac{100}{10} = \log 100 - \log 10$$

log 中的
除法

可以写成 log
的减法

Q 以下对数是以 10 为底的常用对数。

1. log（100×1000）如何分解为对数的和?
2. log（1000×10）如何分解为对数的差?

A
1. log（100×1000）=log100+log1000
2. log（1000/10）=log1000−log10

log 中的乘法可以分解成 log 的加法，同理，log 中的除法可以分解成 log 的减法。应该先考虑理解，之后再来反复多次练习。

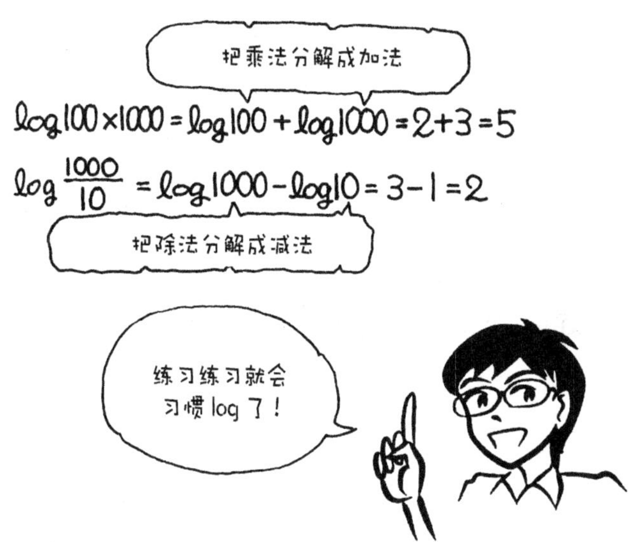

Q 以下对数是以 10 为底的常用对数。

1 log（1/100）= ?

2 log（1/1000）= ?

▼

A 1 log（1/100）=log1−log100=0−2=−2

2 log（1/1000）=log1−log1000=0−3=−3

log1 就是要求 10 的几次方是 1。而且，任何数的 0 次方都是 1。因此，

log1=0

并且，log100 就是要求 10 的几次方是 100，而 10 平方之后就是 100。因此，

log100=2

因为 log 中的除法可以分解成 log 的减法，所以

$\log\frac{1}{100}=\log1-\log100=0-2=-2$

同理，

$\log\frac{1}{1000}=\log1-\log1000=0-3=-3$

log1=0 是关键。

Q 以下对数是以 10 为底的常用对数。
logI 中的 I 乘以 2 倍之后，即 log（I×2）比原来增加了多少?

▼

A log（I×2）=logI+log2 ≈ logI+0.301，
因此，大约只增加了 0.301

对数符号中的数字增加 2 倍的话，对数就只增加 log2。因为 log2 约是 0.301，所以增加了约 0.301。

记住 log2 ≈ 0.301 吧。

Q 以下对数是以 10 为底的常用对数。

1　log100=?

2　log200=?

▼

A 1　因为 100 是 10 的平方，所以 log100=2

2　log200=log（100×2）=log100+log2≈2+0.301=2.301

对数符号中的数字增加 2 倍的话，对数就只增加 log2。因为 log2 约是 0.301，所以增加了约 0.301。

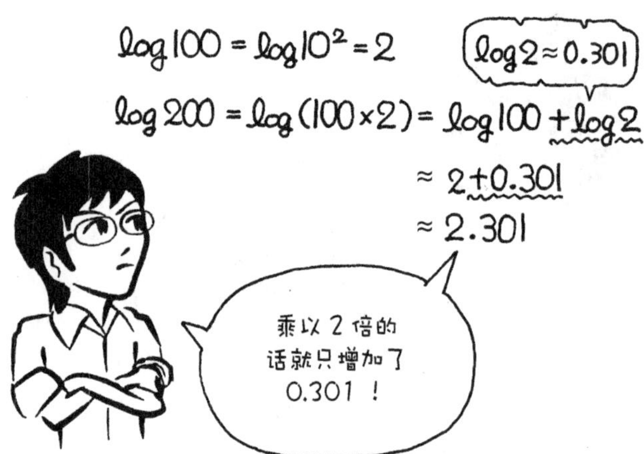

Q 以下对数是以 10 为底的常用对数。

1 log1000=?

2 log500=?

A 1 因为 1000 是 10 的 3 次方，所以 log1000=3

2 log500=log（1000/2）=log1000−log2≈3−0.301=2.699

对数符号中的数字是原来的一半的话，就减少 log2。因为 log2 约是 0.301，所以减少了约 0.301。

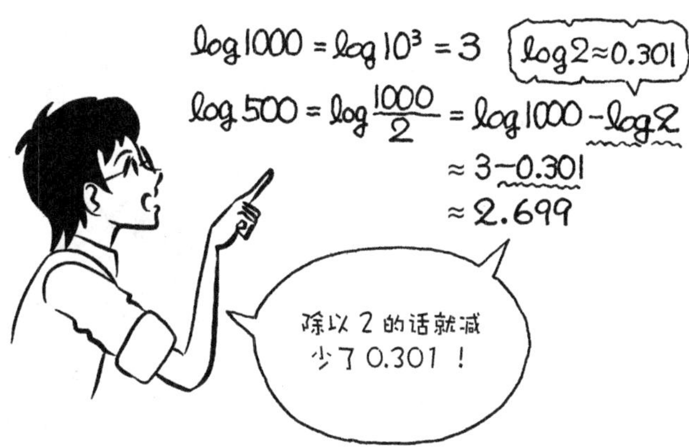

Q 以下对数是以 10 为底的常用对数。

$\log 2^3=?$

▼

A $\log 2^3=\log(2\times2\times2)=\log 2+\log 2+\log 2$

$=3\log 2\approx 3\times0.301=0.903$

$\log a^n$ 就是 $\log(a\times a\times a\times\cdots\cdots)$，有 n 个 a 相乘。log 括号内部的乘方可以把它分解成 log 的加法，变成 $\log a+\log a+\log a+\cdots\cdots$有 n 个 log a 相加，结果就变成 n log a。

$$\log a^n=\log(a\times a\times a\times\cdots\cdots)=\log a+\log a+\log a+\cdots\cdots$$
$$=n\log a$$

Q 以下对数是以 10 为底的常用对数。

log4=?

▼

A $\log 4=\log 2^2=2\log 2\approx 2\times 0.301=0.602$

让我们一起记住“log 中的 n 次方可以提到 log 前”吧。

$\log a^n=n\log a$

有 2 个 log2

$$\log 4=\log 2^2=\overbrace{\log 2+\log 2}=2\log 2$$

$$\fallingdotseq 2\times 0.301=0.602$$

$\log a^n=n\log a$

要记住把 log 中

的 n 次方提到

log 前面喔！

Q 以下对数是以 10 为底的常用对数。

$\log\left(\frac{1}{4}\right)=?$

▼

A $\log\left(\frac{1}{4}\right)=\log\left(\frac{1}{2^2}\right)=\log 2^{-2}=-2\log 2$

$\approx -2\times 0.301=-0.602$

“负的次方作为分母。”知道 1/4 是 2 的 –2 次方的话，后面就简单了。

$$\log\frac{1}{4}=\log\frac{1}{2^2}=\log 2^{-2}=-2\log 2$$
$$\approx -2\times 0.301$$
$$=-0.602$$

Q 以下对数是以 10 为底的常用对数。

1　logI 中的 I 乘以 2 倍会变成怎样?

2　logI 中的 I 乘以 4 倍会变成怎样?

3　logI 中的 I 乘以 1/2 倍会变成怎样?

4　logI 中的 I 乘以 1/4 倍会变成怎样?

▼

A 1　因为 $\log(I\times 2)=\log I+\log 2=\log I+0.301$，I 变为原来的 2 倍，也就是增加了 0.301。

2　因为 $\log(I\times 4)=\log I+\log 4=\log I+\log 2^2=\log I+2\log 2\approx\log I+2\times 0.301=\log I+0.602$，I 变为原来的 4 倍，也就是增加了 0.602。

3　因为 $\log(I\times 1/2)=\log I-\log 2\approx\log I-0.301$，I 变为原来的 1/2 倍，也就是减少了约 0.301。

4　因为 $\log(I\times 1/4)=\log I-\log 4=\log I-\log 2^2=\log I-2\log 2\approx\log I-2\times 0.301=\log I-0.602$，I 变为原来的 1/4 倍，也就是减少了 0.602。

$$\log(I\times 2)=\log I+\log 2\approx\log I+0.301$$

$$\log(I\times 4)=\log I+\log 4=\log I+\log 2^2=\log I+2\log 2\approx\log I+0.602$$

$$\log\left(\frac{I}{2}\right)=\log I-\log 2\approx\log I-0.301$$

$$\log\left(\frac{I}{4}\right)=\log I-\log 4=\log I-\log 2^2=\log I-2\log 2\approx\log I-0.602$$

2、4、$\frac{1}{2}$、$\frac{1}{4}$倍就是 +log2、+2log2、-log2、-2log2 喔！

Q $y=a^x$（a>1）的图像是怎样的?

▼

A 如图所示，图像为往 x 轴的负半轴无限逼近 $y=0$（称作 x 轴的渐近线）、和 y 轴交于 $y=1$ 处（y 轴截距）、往 x 轴正向不断上升的曲线。

正如前面例子所说，这是喷射战斗机离地的飞行曲线。x 轴是滑行道。在起飞前，飞机沿着 x 轴开始慢慢起飞，一开始飞起一点点，然后就一口气地向上冲。a 的数越大的话，上升的斜度会越大。

和 y 轴的交点是 $y=1$，无论是什么数在 0 次方之后都是 1。

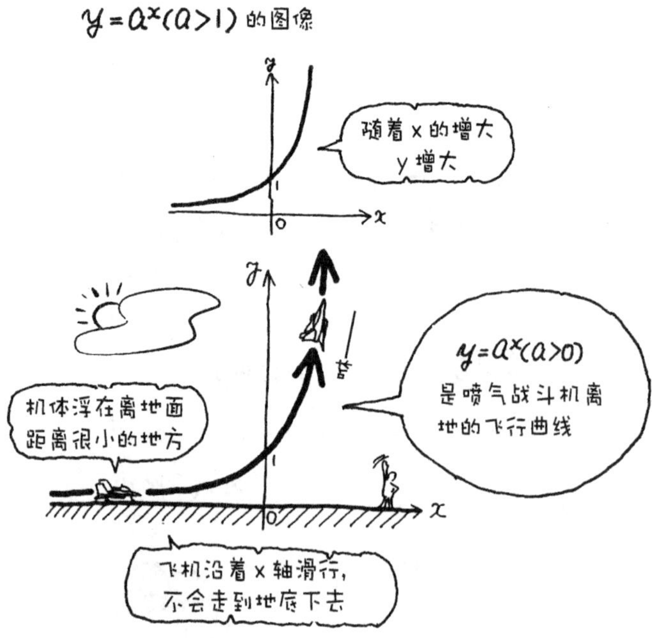

Q $y=a^x$（$0<a<1$）的图像是怎样的?

▼

A 如图所示，图像为往 x 轴的正半轴无限逼近 $y=0$（称作 x 轴的渐近线），和 y 轴交于 $y=1$ 处（y 轴截距），往 x 轴的负半轴不断上升的曲线。

这也是喷气战斗机离地的飞行曲线，只是离地方向相反了。

1/2 平方后是 1/4，3 次方之后是 1/8，4 次方之后是 1/16。这也就是说，当 a 小于 1 时，随着 x 次方的增大，它就变得越来越小。

反过来，1/2 的 –1 次方后是 2，–2 次方之后是 4，–3 次方之后是 8，–4 次方之后是 16。随着负数次方增大，它就变得越来越大。负数次方本来就是分母，因为原来的数字是 1/2，再负数次方反过来成了分子，也就等同于 2 的几次方了。

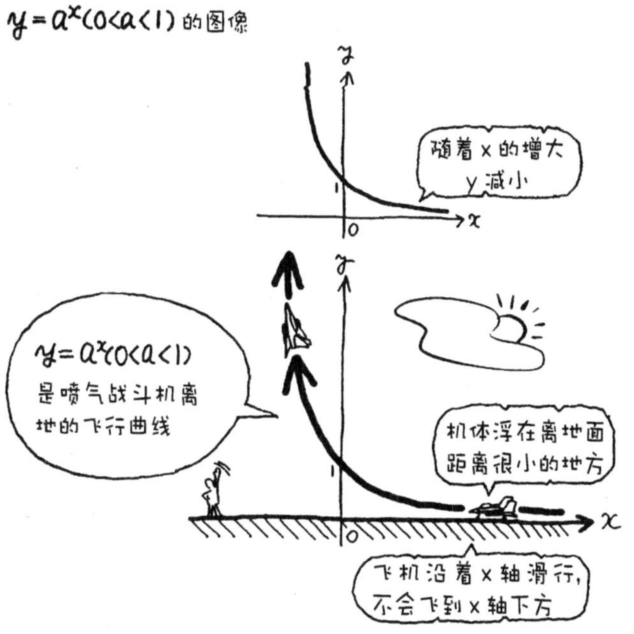

Q 常用对数的函数 $y=\log x$ 的图像是怎样的?

▼

A 在下图中，曲线的图像是往 y 轴的负半轴无限逼近 $x=0$（渐近线），和 x 轴交于 $x=1$ 处（x 轴截距），往 y 轴的正半轴 x 不断增大。

这就是把 $y=10^x$ 的 x 和 y 互换的图像。$y=10^x$ 的 x 和 y 相互转换之后，就变成 $x=10^y$，变形之后就是 $y=\log x$。

$y=\log x$ 的曲线是沿着 y 轴滑行向前，x 轴的正向是天空的方向时，喷气战斗机离地的飞行曲线。

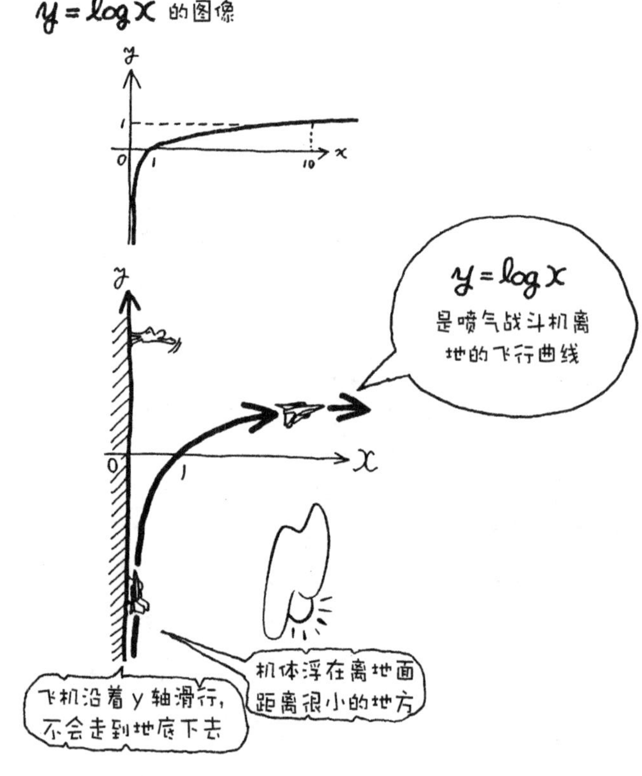

Q 对数轴是怎样的轴?

▼

A 在下图中，$1=10^0$ 是 0 的位置，$10=10^1$ 是 1 的位置，$100=10^2$ 是 2 的位置，$1000=10^3$ 是 3 的位置，就这样，实际的数值都是按照对数在坐标轴上的位置来分配。

因为轴上数值是按照对数的数值来配置的，所以称之为对数轴。10 的 x 次方，那个 x 值就决定在什么位置。对于大的数，指数函数般增长的数使用起来是很方便的，在工学领域中常常使用到。

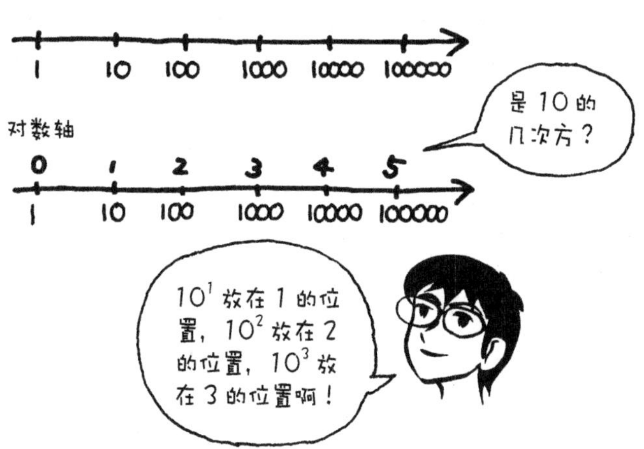

Q 如何在 y 轴对数轴化的坐标轴上描绘 $y=10^x$?

▼

A 在下图中，在对数轴上把

"$10=10^1$" 对应写在 1 的位置

"$100=10^2$" 对应写在 2 的位置

"$1000=10^3$" 对应写在 3 的位置

"$10000=10^4$" 对应写在 4 的位置

这就是所说的轴。实际的数值按照对数在数轴的位置来表示的轴。

使用这种轴的话，100 的话是 2，1000 的话是 3，就可以用较小的数表示出来了。

在纸上用普通的坐标轴不足以表示的部分也可以简单地表示出来了。指数函数用对数轴表示的话是一条直线。在自然现象中有很多指数函数，在工学领域中很多时候都用到对数轴。

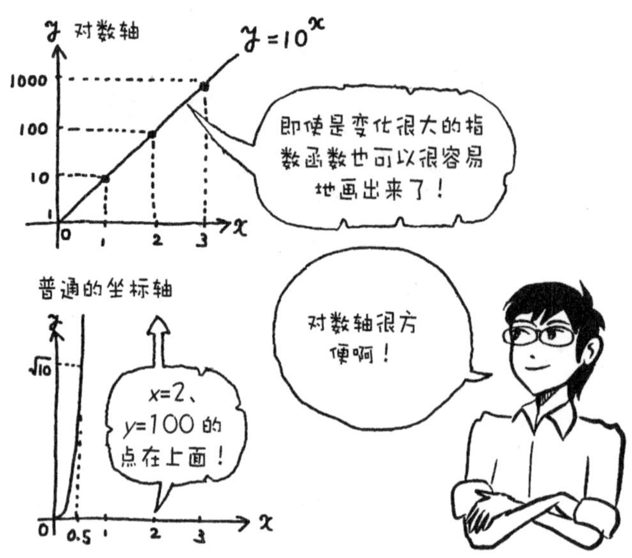

Q 如何在 y 轴对数轴化的坐标轴上描绘 $y=20^x$ 的图像？

▼

A 如下图所示。

$x=1$ 时，$y=20^1=20$

$x=2$ 时，$y=20^2=400$

$x=3$ 时，$y=20^3=8000$

如果按照这样子在普通的坐标轴上描绘图像，无论是多大的纸都不能画出完整的图形。

这时，就要把 y 轴对数轴化。

对数轴就是，实际的数值用对数在坐标轴上的位置来表示的数轴。

$y=20$ 时，$\log 20=\log(10\times 2)=\log 10+\log 2=1+0.301=1.301$

$y=400$ 时，$\log 400=\log(100\times 4)=\log 100+\log 4$

$=\log 10^2+\log 2^2=2\log 10+2\log 2=2+0.602=2.602$

$y=8000$ 时，$\log 8000=\log(1000\times 8)=\log 1000+\log 8$

$=\log 10^3+\log 2^3=3\log 10+3\log 2=3+0.903=3.903$

因此，比起按照 20、400、8000 这样激增的数值来描点，我们可以用 1.3、2.6、3.9 的位置来替换。而这样画出来的图像就是一条直线。

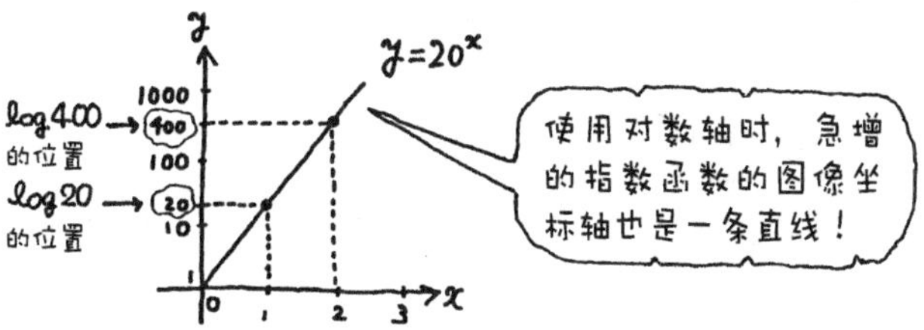

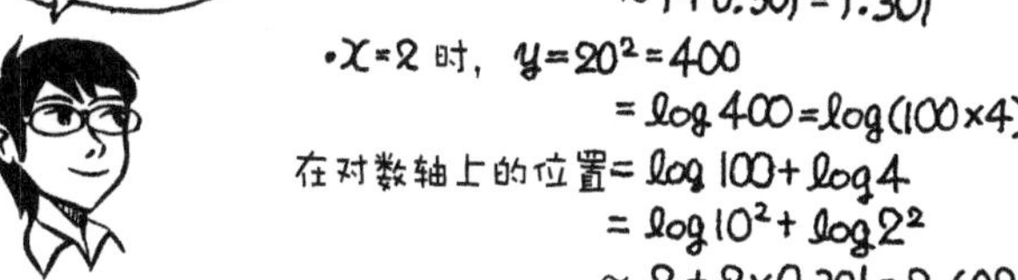

Q 想一下人类的耳朵所能听见的声音。

（声音最大的强度）/（声音最小的强度）$=10^{12}$。当最小的声音强度为 1 时，最大的声音强度为 10^{12}，这样如何用图像来描述?

▼

A 按照 1、10、100……10 的 12 次方一个个来描点的话，即使把坐标轴以 mm 为 1 个单位，画到 10^{12}，就得画到远离地球的月球轨道上去了。

10 的几次方不断增加的的数，用对数轴可以简单地描绘出来。

$1=10^0$ 在 0 的位置

$10=10^1$ 在 1 的位置

$100=10^2$ 在 2 的位置

$1000=10^3$ 在 3 的位置

……

10^{12} 对应着 12 的位置，因此就描在 12 的那个位置。

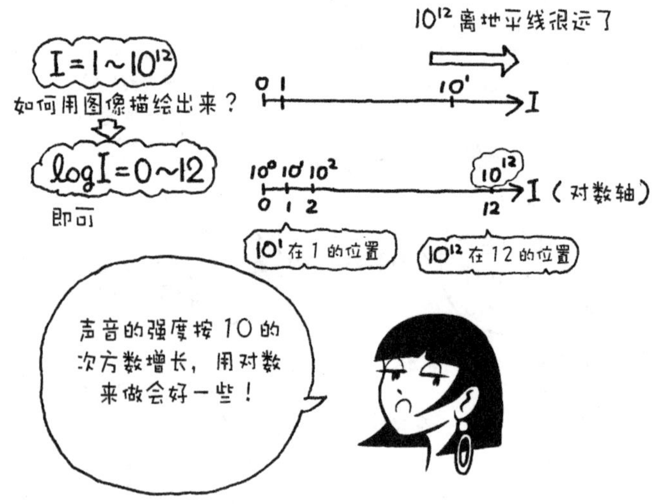

Q 设想人类的耳朵所能听见的声音，
现在的声音强度是 I，最小的可听音强度是 I_0。
I/I_0 的范围是 1~10 的 12 次方之内的数值。

1 以 I/I_0 为横轴(对数轴),log(I/I_0)为纵轴的话，图像该如何描绘？

2 以 I/I_0 为横轴（对数轴），10log（I/I_0）为纵轴的话，图像该如何描绘？

▼

A 1 纵轴是 log（I/I_0）的时候，按照

$1=10^0$ 在 0 的位置

$1000000=10^6$ 在 6 的位置

$1000000000000=10^{12}$ 在 12 的位置

这样来描点，就变成左下图中的直线。

2 纵轴是 10log（I/I_0）的时候，按照

$1=10^0$ 在 0 的位置

$1000000=10^6$ 在 60 的位置

$1000000000000=10^{12}$ 在 120 的位置

这样来描点，就变成右下图中的直线。

“感觉和刺激量的对数成比例”也就是 XXX 法则。像下图这样取刺激量的对数的，感觉的图像成了一条直线。纵轴差不多等同于感觉。
横轴是对数轴，纵轴也是对数轴。横轴用 10 的几次方表示。3 次方就是 3 的位置。那个 3 也是感觉的数字。在左边的图像中，在横轴上是 3 的时候，纵轴的值也是 3。右边的图是左边的 10 倍，横轴是 3 的位置，在纵轴上对应的值是 30。因此，两者当然都是直线。
从这个图中可以得知，刺激量的增加对应的是耳朵的钝感。即使刺激量增长了 10 倍，感觉也就是增加了 1 个阶段。声音强度 10 倍，10 倍地增长，听觉也就只是 1 个阶段 1 个阶段地增长。
log（I/I_0）是刺激量的对数作为纵轴，10log（I/I_0）是刺激量的对数的 10 倍做为纵轴。增加了 10 倍的这一方经常使用分贝（dB）作为单位。

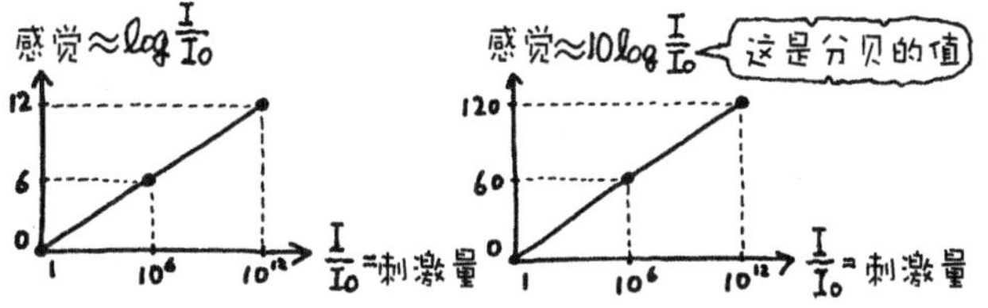

Q 1 0.1=1/( )=10 的( )次方 =( )割 =( )%

2 1/10 的图面 =1 ：( )的图面

▼

A 1 $0.1=1/10=10^{-1}$=1 割 =10%

2 1/10 的图面 =1 ：10 的图面

让我们一起来复习一下各种比的表示吧。

小数表示的话是 0.1，10 个加起来就是 1。0.1 就是一个十分之一。

十分之一用指数法则来表示就是 10 的 –1 次方。要牢记住，负的次方就是分母。

任意数的十分之一就是这个数的一割。这里的一割，就是所说的 10%。

图面的 1/10 就是按照原物尺寸的 1/10 的大小来描绘的，因此写作 1 ：10，图画 ：原物 =1 ：10。

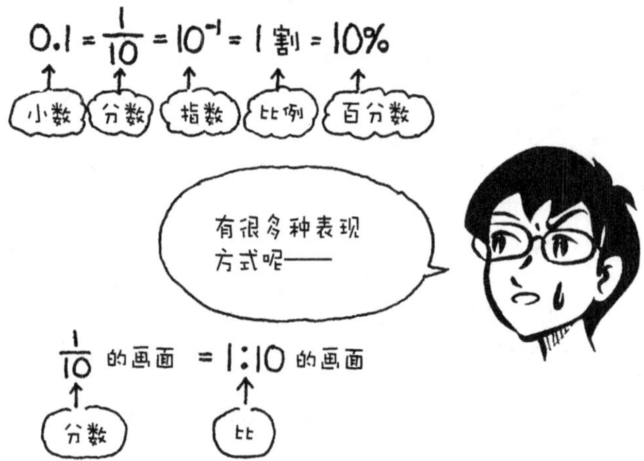

Q 1 0.01=1/（ ）=10 的（ ）次方 =（ ）分 =（ ）%

2 1 ∶ 100 的图面 =1 ∶（ ）的图面

▼

A 1 0.01=1/100=10^{-2}=1 分 =1%

2 1/100 的图面 =1 ∶ 100 的图面

因为 100 个 0.01 是 1，所以它等于 1/100。

10 的 –2 次方就是将 10 的平方取倒数。

“分”就是 1/100，厘则表示 1/1000。几割几分几厘依次减小 1/10。

因为 0.01 是 1/100，所以就是 1%。理所当然的事，一定要记清。

1/100 的图面便是以原尺寸的 1/100 画出的图面。也可以说它是以 1 ∶ 100 的比例画出的。就是图面∶原物为 1 ∶ 100。

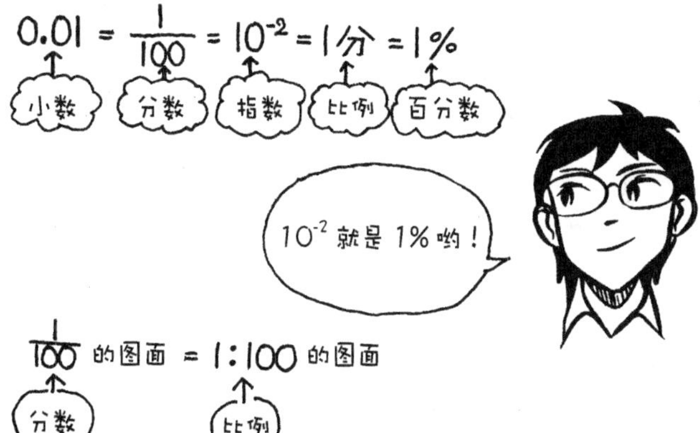

Q 1 形状相同（相似形）的情况下，长度变为 2 倍，面积为多少倍?
2 形状相同（相似形）的情况下，长度为 n 倍，面积为多少倍?

▼

A 1 4 倍
2 n^2 倍

形状相同，大小不一样的图形叫做相似形。如果互为相似形，长度为 n 倍，那么面积为 n 的平方倍。

用正方形思考比较简单。将边长分别扩大为原来的 2 倍，由面积等于长 × 宽，得出 $2\times2=4$ 倍。同理，n 倍的情况下，$n\times n$ 为 n 的平方。即便是复杂的图像，如果把它想成是很多小正方形的集合，也应该能直观的理解长度为 n 倍，面积也就是 n 的平方倍。

因为面积是长 × 宽，所以长宽各变为 n 倍，所以面积变为 n 的平方倍。

同理，因为体积 = 长 × 宽 × 高，体积为 n 的 3 次方。面积的单位是 m^2，体积的单位是 m^3 等带有平方、三次方的单位。从单位着手也是一种方法。

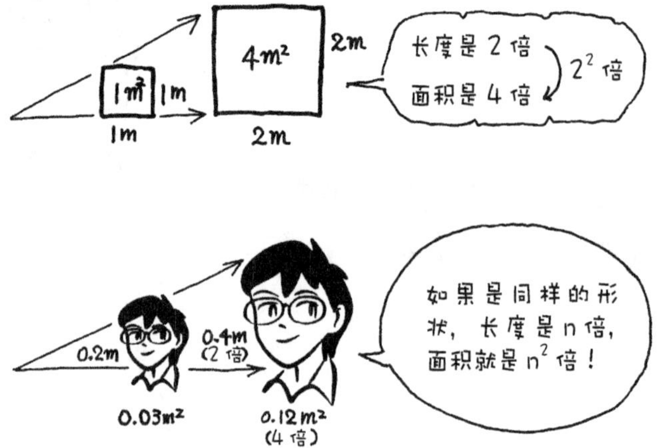

Q 1 形状相同（相似形）的情况下，长度为 2 倍，体积为多少倍?

2 形状相同（相似形）的情况下，长度为 n 倍，体积为多少倍?

▼

A 1 $2^3=8$

2 n^3

用立方体来思考比较简单。长宽高翻倍的话，由于体积等于长 × 宽 × 高，$2\times2\times2=8$ 倍。

即便是复杂的图像，如果把它想成是很多小正方体的集合，也应该能直观的理解长度为 n 倍，体积为 $n\times n\times n=n^3$ 倍。

因为体积单位为 cm^3、m^3，所以也可以从此着手。

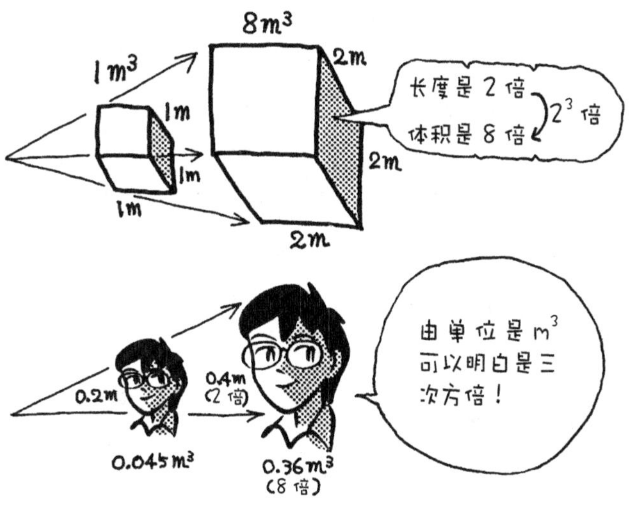

Q A4 纸要变为 A3 纸，需要扩大百分之几？

▼

A 141%

A3 纸的面积是 A4 纸的 2 倍。将 A3 纸对折就是 A4 纸。设它的长度变为 x。纸的长宽比不变，为相似形，长度比为 x 的话，面积比为 x 的平方倍。x 的平方等于 x 的 2 倍，所以 x 为$\sqrt{2}$。

$\sqrt{2}$ =1.414，也就是 1.414 倍。用百分数表示就是 141%。在复印机上设定 141%，可将 A4 变为 A3。

纸的规格都是像这样，对折一次下降一级。比如讲 B1 纸对折就是 B2 纸。A2 纸对折就是 A3 纸。这是为了不浪费纸张。

而且纸的长宽比都是一定的，都是 1 ：$\sqrt{2}$。对折后仍然要保持相同比例，所以只能是 1 ：$\sqrt{2}$。

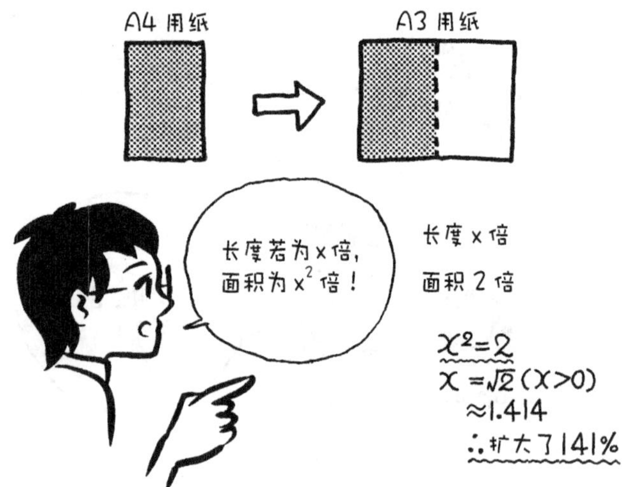

Q A1 纸要变为 A2 纸，需要缩小百分之几？

▼

A 71%

A1 纸对折后就是 A2 纸，所以 A1 纸面积的 1/2 是 A2 纸的面积。设长度变为 x 倍。由于是相似形，长度是 x 倍的话，面积应为 x^2。x 的平方为 1/2 原面积。x 等于 $1/\sqrt{2}=\sqrt{2}/2=0.707$。

复印机设定为 71%，可将 A1 纸变为 A2 纸。

要记清

面积 2 倍→长度$\sqrt{2}$倍。

面积 1/2 倍→长度 $1/\sqrt{2}$倍

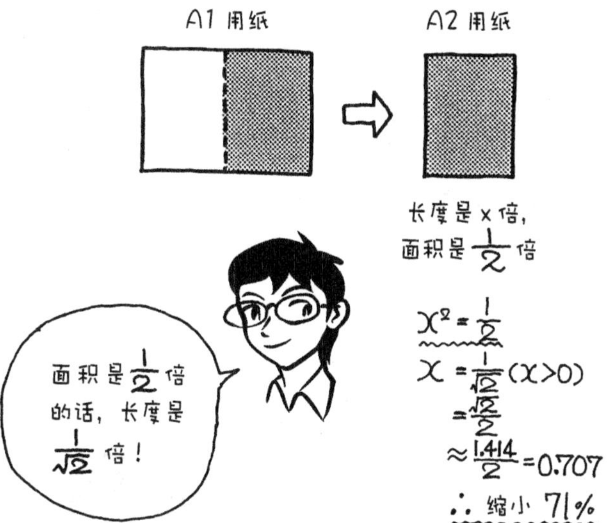

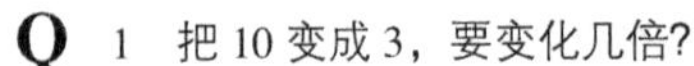

Q　1　把 10 变成 3，要变化几倍?

2　1/30 的图面变为 1/20 的图面要变化多少倍?

▼

A　1　0.3

2　1.5

“10 → 3”，要乘 3/10 倍，靠直觉就能想到。“10 → 3”要乘 3/10，可以说“尾→头”要乘“头 / 尾”。记住这个道理会很方便。

“头 / 尾”倍 =3/10 倍 =0.3 倍 =30%

1/30 变为 1/20，也就是“1/30 → 1/20”

“头 / 尾”倍 =（1/20）/（1/30）倍 =（1/20）/（30/1）倍 =30/20 倍

3/2 倍 =1.5 倍

在复印机设置扩大 150%，可以使 1/30 变为 1/20。

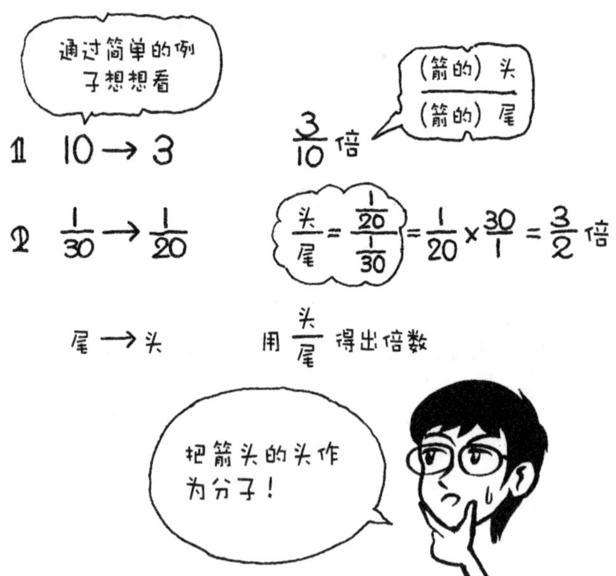

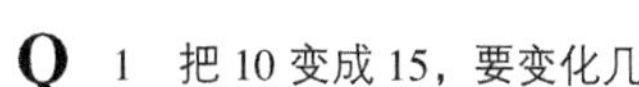

Q 1　把 10 变成 15，要变化几倍?

2　1/50 的图面变为 1/200 的图面要变化多少倍?

▼

A 1　1.5

2　0.25

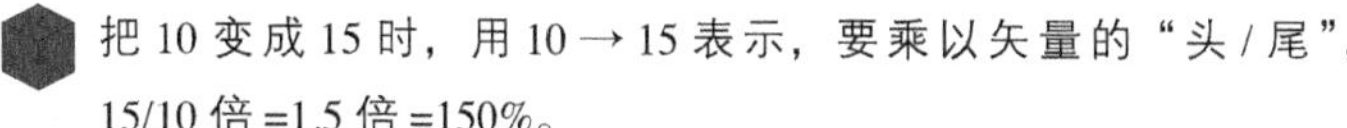

把 10 变成 15 时，用 10 → 15 表示，要乘以矢量的“头 / 尾”，15/10 倍 =1.5 倍 =150%。

把 1/50 变为 1/200 时，用 1/50 → 1/200 这样的数字表示，不如用 1/50m → 1/200m 这样的长度表示得清楚。

1/50m → 1/200m 用比例表示为

（1/200）/（1/50）倍 =（1/200）×（50/1）倍 =1/4 倍 =0.25 倍 =25%

因为 1/4=1/2 × 1/2，不能缩小 25% 的复印机，可以用 50% 的比例缩小两次，达到缩小到 25% 的效果。

1　$10 \rightarrow 15$　$\frac{头}{尾}$倍 $= \frac{15}{10}$倍 $= 1.5$倍 $= 150\%$

2　$\frac{1}{50} \rightarrow \frac{1}{200}$　$\frac{头}{尾}$倍 $= \frac{\frac{1}{200}}{\frac{1}{50}}$倍 $= \frac{1}{200} \times \frac{50}{1} = \frac{1}{4}$倍

$\frac{1}{4}$倍 $= 0.25$倍 $=$ 缩小到 25%

$\frac{1}{4}$倍 $= \frac{1}{2} \times \frac{1}{2}$倍 $=$ 用 50% 的比例缩小两次

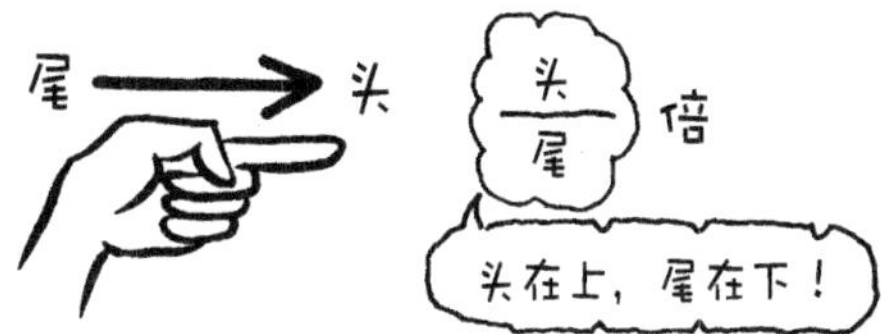

Q 1/50 的图面变为 1/20 的图面要扩大百分之几?

▼

A 250%

和前一题一样，用 1/50m → 1/20m 比较简单，

“头 / 尾”倍 =（1/20）/（1/50）倍 =2.5 倍 =250%

即便是忘记了，因为 2 → 1 是 1/2，这样马上就能得出“头 / 尾”。

因为 2.5= $\sqrt{2.5}\times\sqrt{2.5}$ 倍 ≈1.581×1.581 倍，只能放大 200% 的复印机可以通过以 158% 的比例放大两次来达到放大 250% 的效果。

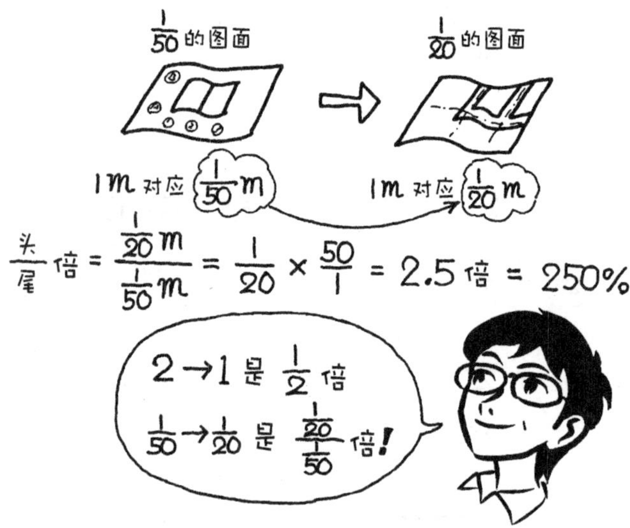

Q 把纸对折后长边和短边的比也不会变，这种纸的的两边之比为?

▼

A $1:\sqrt{2}$

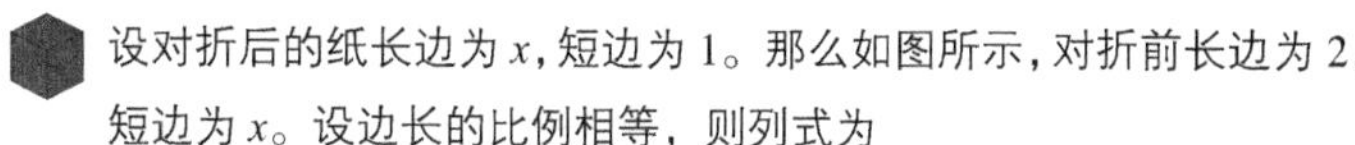

设对折后的纸长边为 x，短边为 1。那么如图所示，对折前长边为 2，短边为 x。设边长的比例相等，则列式为

$x:2=1:x$

由外项积等于内项积得

$x^2=2$

$x=\sqrt{2}\ (x>0)$

由此得知纸的两边比为 $:\sqrt{2}$。

A1、A2、A3 等 A 系列的纸和 B1、B2、B3 等 B 系列的纸，两边比都是 $1:\sqrt{2}$。因为这种比例的纸对折后长宽比例仍然不变。裁掉一半就变成了下一规格的纸，这样不会浪费。

Q 用什么表示 10^3、10^6、10^9、10^{12}？

▼

A K（kilo）、M（mega）、G（giga）、T（terra）。

1km 是 1000m，10 的三次方米。用这字母表示较大的数字比较方便。

像电脑的储存单位 KB（Kilobyte）等，是以 2 的 10 次方 =1024 为 1K 的。在二进制中，是以 1024 为 K 的，运用在二进制中很方便。先让我们记住 kilo、mega、giga、terra 这些词和 K、M、G、T 这些符号吧。

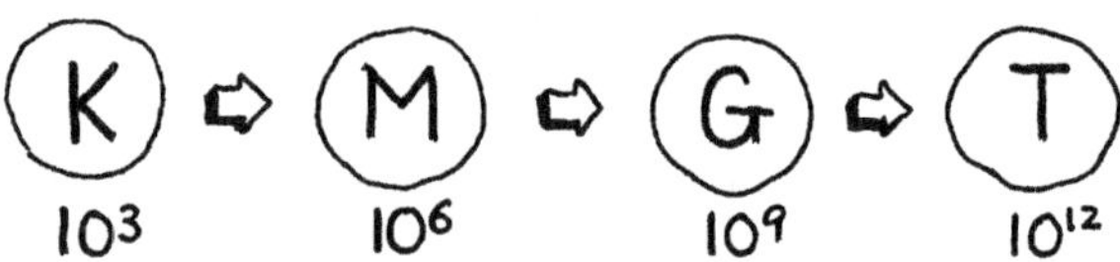

Q 用什么表示 10^{-3}、10^{-6}、10^{-9}、10^{-12}？

▼

A m（milli）、μ（micro）、n（nano）、p（pico）

1mm（毫米）是 1000 分之一米，10 的负三次方。这样的词表示微小的数字很方便。

让我们记住 milli、micro、nano、pico 这些词和 m、μ、n、p 这些符号吧。

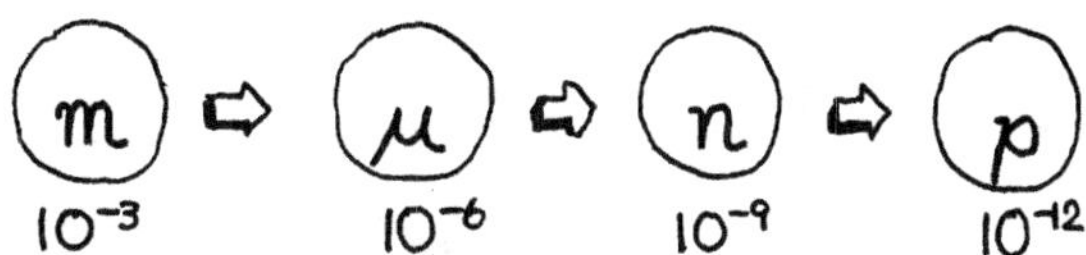

Q 1 5kN（千牛）等于多少 N？

2 20000N（牛）等于多少 kN？

▼

A 1 $5kN=5\times10^3N=5000N$

2 $20000N=20000\times10^{-3}kN=20kN$

一起习惯像 10^4 等于 10×10^3 这种指数运算吧。

$$\overset{\text{千牛}}{5kN} = 5\times10^3N = 5000N$$

$$20000N = 2\times10^4N = 20\times10^3N = 20\overset{\text{千牛}}{kN}$$

Q PPM 是什么?

▼

A 表示 10 的 6 次方分之一，也就是一百万分之一。

PPM 中的 M 是 million，表示 100 万 =10 的 6 次方。Millionaire 是百万富翁的意思。这里说的 100 万是美元，换做日元的话是 1 亿日元。

PPM 中的 PP 是 Parts Per 的缩写，Parts 是一部分的意思。Per 经常用在 per · hour、per · second 中，作为每小时、每秒等时间量。表示除以小时，除以秒，在英语中表示“几分之几”时是“分之”的意思。

记住，PPM 中的 M 是“million 中的 M=100 万 =10 的 6 次方”。

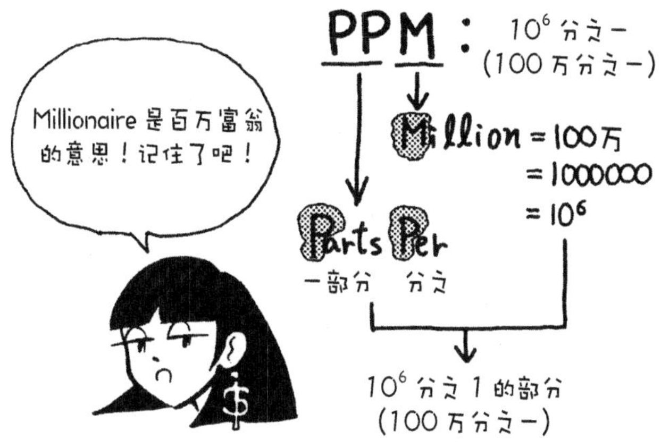

Q 1 1000PPM 是几分之 1？百分之几?

2 10PPM 是几分之 1？百分之几?

A 1 $1000PPM=10^3/10^6=1/10^3=1/1000$

$=（1/10）\times（1/100）=0.1\%$

2 $10PPM=10/10^6=1/10^5=1/100000$

$=（1/1000）\times（1/100）=0.001\%$

上边的式子中 10^n 表示 10 的 n 次方

PPM 表示的是 10 的 6 次方分之一。而且 1/100 是 1%。明白了这些就很容易解出。

环境标准中经常给出，二氧化碳浓度在 1000PPm 以下，一氧化碳浓度在 10PPM 以下。此处的浓度是容积的比例。相对于整体容积 1，1000PPM=1/1000=0.1%。

$$1000PPM = 10^3 PPM = \frac{10^3}{\underset{PPM}{10^6}} = \frac{1}{10^3} = \begin{cases} \frac{1}{1000} \\ \frac{1}{10} \times \frac{1}{\underset{\%}{10^2}} = 0.1\% \end{cases}$$

$$10PPM = \frac{10}{\underset{PPM}{10^6}} = \frac{1}{10^5} = \begin{cases} \frac{1}{100000} \\ \frac{1}{10^3} \times \frac{1}{\underset{\%}{10^2}} = 0.001\% \end{cases}$$

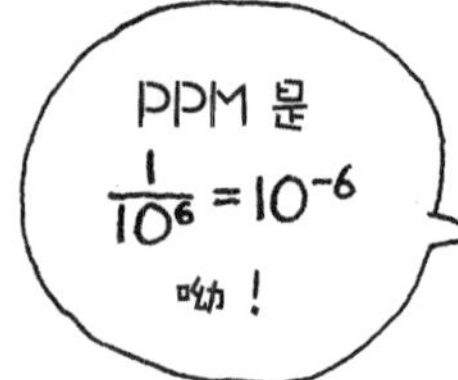

Q 气体状态方程式是什么?

▼

A pV=nRT（p：气压，V：体积，n：mol 数，R：气体常量，T：绝对温度）

符合这个式子的气体称为理想气体。实际的气体和这个式子是有些脱离的。

Mol 数是表示一个单位的物质的量。首先，我们可以先从记住这整个式子开始。

Q 当质量和摩尔数的值不变时，气体的体积与（①）成正比例关系，与（②）成反比例？

▼

A ①绝对温度；②气压

状态方程式 PV=nRT 的求体积 V 的变形公式为

V=nRT/P

T 是作为公式的分子。若 T 变化 2 倍时，V 也变化 2 倍。所以，V 与 T 是成正比例关系。

另外，P 是作为公式的分母，若 P 变化 2 倍时，V 减小为原来一半，因此，V 和 P 是成反比例关系的。

由此可知，当气体受热时就会膨胀，受到压力时就会收缩。气体的体积正比于绝对温度，反比于气压。

Q 当质量、摩尔数的值和气压不变时，20℃气体的体积是10℃的多少倍?

▼

A 1.03倍

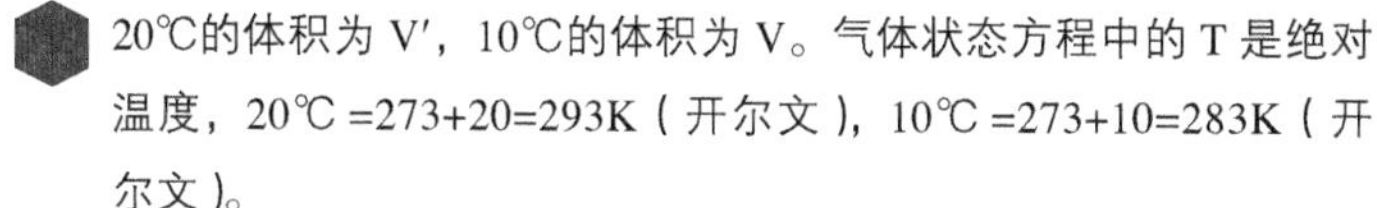

20℃的体积为 V′，10℃的体积为 V。气体状态方程中的 T 是绝对温度，20℃ =273+20=293K（开尔文），10℃ =273+10=283K（开尔文）。

20℃的状态方程：$PV'=nR(273+20)$ ……（1）

10℃的状态方程：$PV=nR(273+10)$ ……（2）

（1）/（2）得 $V'/V=293/283=1.03$

所以 $V'=1.03V$

10℃的气体温度上升为20℃，体积变化为1.03倍。

对实际空气来说，即使气压变化，因为不是理想空气，就会有若干数值的变化。

10℃的气体变化为20℃、体积不是简单的变2倍。要注意是与绝对温度成比例。

20℃的时候 ⇨ $pV'=nR(273+20)$ ……①

10℃的时候 ⇨ $pV=nR(273+10)$ ……②

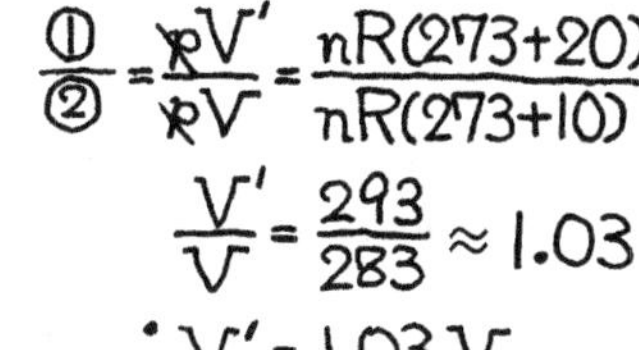

$$\frac{①}{②}=\frac{pV'}{pV}=\frac{nR(273+20)}{nR(273+10)}$$

$$\frac{V'}{V}=\frac{293}{283}\approx 1.03$$

$$\therefore V'=1.03V$$

Q 当质量、摩尔数的值和温度一定时，1.5 个气压气体的体积是 1 个气压的几倍?

▼

A 0.67 倍

1.5 个气压的体积为 V′, 1 个气压的体积为 V，代入气体状态方程。

1.5 个气压的状态方程：1.5 V′=nRT……（1）

1 个气压的状态方程：1 V=nRT……（2）

（1）/（2）得 1.5V′ / V=1

V′=1/1.5 V≈0.67V

气压变成原来的 1.5 倍的话，体积就会变成 1/1.5 倍。

1 个气压表示地表大气压力。位置、高度、气体的组成影响气压的变化。标准气体用下列给定的单位确定。atm 是 atmosphere（大气）的缩写。

1 个气压 =1atm=1013.25hpa（百帕）

Q 1 个气压（1atm）是多少个 hPa？

▼

A 1atm=1013.25hPa

Pa（帕斯卡）就是 N/m^2（牛顿每平方米）。h 表示 100 倍的意思。ha 是 100a。因此，

1hpa（百帕）=$100N/m^2$（1 百帕 =100 牛顿每平方米）。

所以，

1 个大气压 =1013.25hPa=101325Pa=101325 N/m^2。

Q 水波是横波还是纵波?

▼

A 横波

水上的各个质点只是上下移动,没有在前进方向上移动。这样的话,各点振动的方向就和波前进的方向垂直，我们把这种波称为横波。并且，能够形成波的各个质点、我们把它称为媒质。意思就是能够传播波的媒介的物质。

对于水波，波传播的方向垂直于各媒质振动的方向的波，称为横波。实际上，水波上各点的运动是非常复杂的，严格上来说并不是真正的横波，这里是为了举一个易于理解的例子，才以水波为例。严格上的横波，可以是电磁波，除了横波，还能称其为高低波。

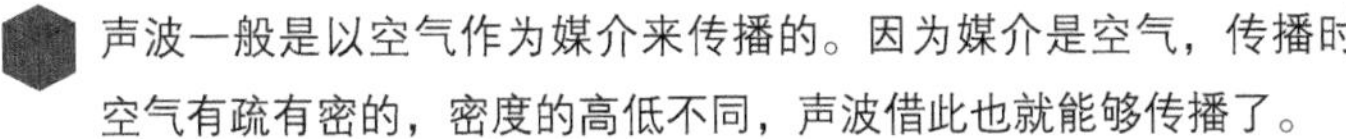

Q 声波是横波，还是纵波?

▼

A 纵波

声波一般是以空气作为媒介来传播的。因为媒介是空气，传播时空气有疏有密的，密度的高低不同，声波借此也就能够传播了。

在水中，水就是声波传播的媒介。在水中即使人不能像在陆上那样自由地说话，也能听到各种各样的声音。如果做过潜水运动，这就很容易理解了。水是有疏有密的媒介，因此声波在传播的时候也是有疏有密的。

声波上各点传播的媒介在振动的方向上与波传播的方向是平行的。因此，我们称这种质点振动的方向与波传播的方向平行的波为纵波。因为声波是疏密交替着传播，我们也称这种波为疏密波。

纵波、疏密波这些名称，以及其传播方法，让我们在这里一起记住吧。

Q 地震波是横波，还是纵波?

▼

A 地震波的传播形态有横波，也有纵波。

从震源传出的地震波既有横波，也有纵波。纵波传播得比较快，横波传播得比较慢。

可知纵波是疏密波，与传播的方向平行推出，所以纵波传播得比较快，从感觉上可以接受。

Q 地震的 P 波、S 波是什么?

▼

A P 波是纵波，最初先到达的波。S 波是横波，是第二到达的波。

P 是 Primary（第一的）的 P，S 是 Secondary（第二的）的 S。通过英语就很容易记住。

纵波即 P 波，最初到达地面并产生轻微振动，我们称为初期微动。一感知到这些初期微动，电梯和铁路都设定了自动停止。

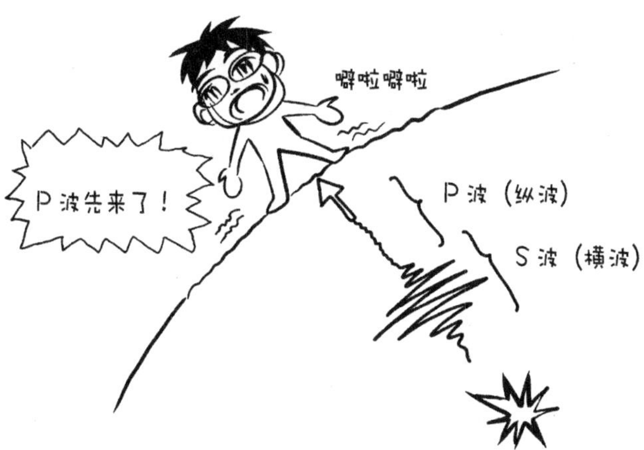

Q 横波上的各点上下振动，各点从上到下，再从下到上的时间间隔是 2s，那么这个波的周期 T 是多少？

▼

A 周期 T=2s

物体在做循环运动的过程中再次回到相同地点所需要的时间称为周期。使用的符号是 Time 的 T。地球的自转周期是 24h，公转周期是大约 365 天，振动的过程中循环运动，或再次到达相同的地点的时间成为一个周期。

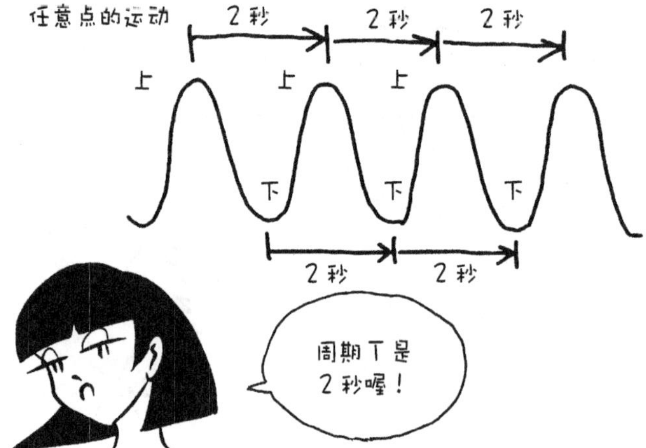

Q 振动周期是 0.5s 的点的振动频率（周波数）是多少？

▼

A 2Hz（赫兹）

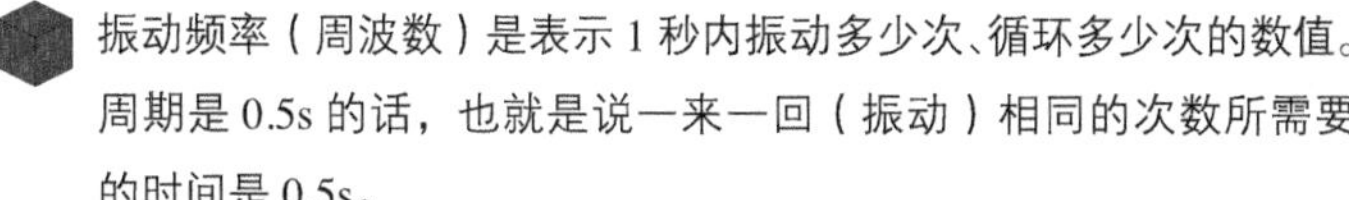

振动频率（周波数）是表示 1 秒内振动多少次、循环多少次的数值。周期是 0.5s 的话，也就是说一来一回（振动）相同的次数所需要的时间是 0.5s。

0.5s 一次来回的话，1s 就是两个来回。因此，振动频率就是 2 次 / 秒（Hz）。计算出来，就是

频率 =1/ 周期 =1/0.5=2Hz

赫兹是频率的单位，表示的是次 / 秒。

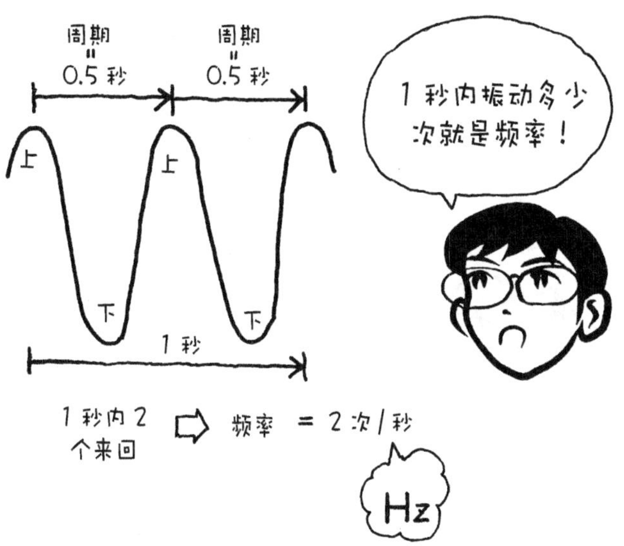

Q 振动周期是 2s 的点的振动频率（周波数）是多少?

▼

A 0.5Hz（赫兹）

1 秒内振动、起伏的次数就是振动频率。

周期是 2s，就是表示从一个点到另一个相同的点所用的时间是 2s。完成一个来回需要 2 秒。1 秒内只能完成一半。1 秒内完成了 0.5 个来回。换句话说，频率就是 0.5 次 / 秒（Hz）。

用 1 秒除以周期（2s），就能算出振动频率。

振动频率 =1/2=0.5Hz

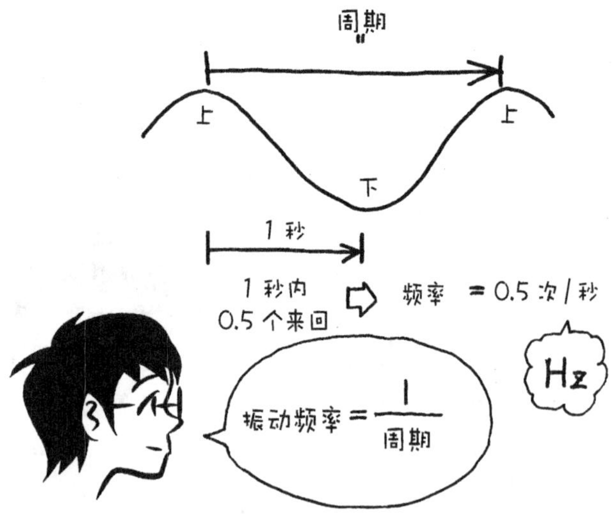

Q 声音频率高的是高音还是低音?

▼

A 高音

高频的声音是高音，低频的声音是低音。

女性的声音是 200~800Hz 的程度，男性的声音是 80~200Hz 的程度。当然了，虽然这存在着个人差别，但一般来说，女性的声音还是比较高的。

Q 声音提高一个八度的话，振动频率提高多少倍?

▼

A 2倍

哆来咪发嗦啦西哆中,第一个“哆”和第二个“哆”的频率差2倍，实际上的钢琴音律中，与2倍有一些偏差。

Q 波长 1.7m、振动频率是 200Hz 的波的波速是多少?

▼

A 340m/s

波长是 1.7m 的话，就代表一个波的长度为 1.7m，也有规定波峰到波峰之间，或者波谷到波谷之间的距离为 1.7m。

频率为 200Hz 的波，就是在 1 秒钟内通过的波峰的数目为 200 个。确定一个任意点，这个点在 1 秒钟之间进行 200 个上下来回振动。在 1 秒内通过 200 个波长为 1.7m 的波，也就是说，在 1 秒内

1.7m × 200=340m

传播了 340m 的距离。换句话而言，波速就是 340m/s。

一般来说，波速的计算方法就是

波速 = 波长 × 频率

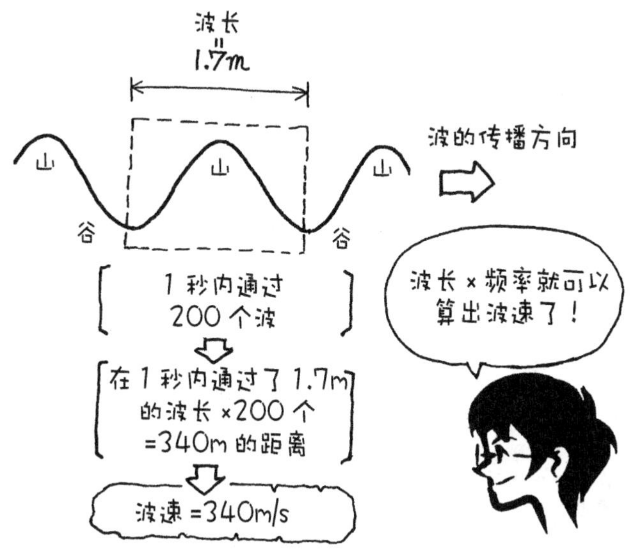

Q 音速 340m/s 是一定的。

1　频率 200Hz 的 A 的声音的波长为多少？

2　频率 400Hz 的 B 的声音的波长为多少？

▼

A 1. 1.7m

2. 85cm

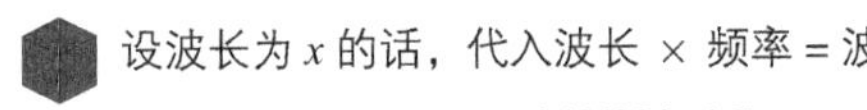

设波长为 x 的话，代入波长 × 频率 = 波速

$x\times200=340\text{m/s}$，$x=340/200=1.7\text{m}$

$x\times400=340\text{m/s}$，$x=340/400=0.85\text{m}=85\text{cm}$

温度高的话，声音会传播得比较快。但是，气压和频率再怎么改变，音速都是一定的。

音速是一定的话，频率改变，则波长也随之发生改变。

频率高的波波长短，频率低的波波长长。

波长 × 频率 = 音速 ≈340m/s，波长 × 频率是一定的话，波长和频率之间就会相互变动。

波长 × 频率 = 波速

1 $X\times200(\text{Hz})=340(\text{m/s})$

$X=\dfrac{340}{200}=1.7(\text{m})$

2 $X\times400(\text{Hz})=340(\text{m/s})$

$X=\dfrac{340}{400}=0.85(\text{m})=85(\text{cm})$

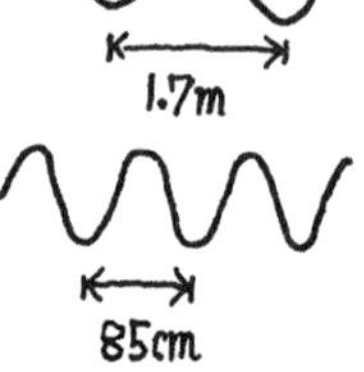

因为音速是一样的，所以波长就要改变！

Q 如何将声音那样的纵波（疏密波）画成横波形式?

▼

A 各介质向右移动的话，在介质的上方打点（打印），此点和介质的距离等于介质向右移动的那部分距离。各介质向左移动的话，在介质的下方打点，此点和介质的距离等于介质向左移动的那部分距离。像这样打下若干个点后，把它们用平滑的曲线连接起来就可以画出波形。

纵波，也就是疏密波，是有时变密有时变稀疏来进行传播的波。所以，它没有我们想象中那样的波形。想画成容易理解的波形的话，按照上述方法，把纵波画成横波那样。

目前为止，把音波用正弦波那样的波形示意性地画了出来。因为实际的声音是靠空气的疏密来进行传播的，这样的波不可能存在。为了便于理解，所以把疏密变化转化成上下的移动，用横波的形状来表现。

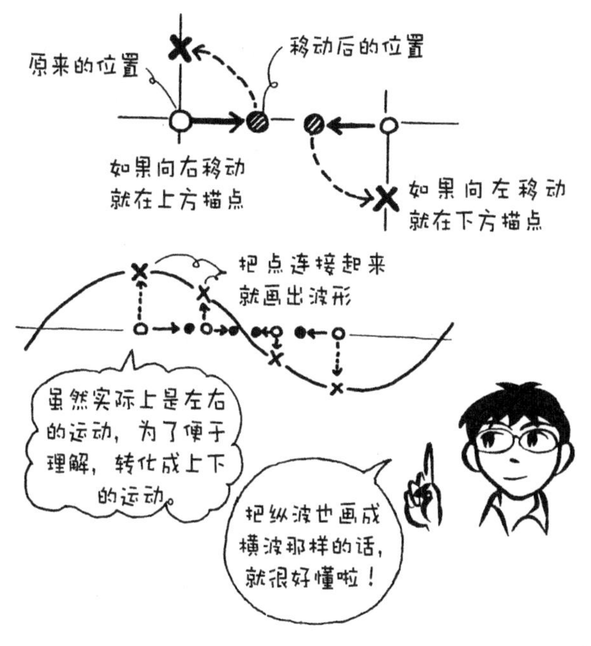

Q 声音绕到障碍物里侧的现象叫什么?

▼

A 波的衍射现象。

波遇到障碍物后绕道障碍物的现象叫做波的衍射现象。

声音和光都是波，都能绕到墙壁的后面。但是光的波长很短，不会发生很大的回转，波长很长的波的话，就会发生很大的回转。

Q 波和波重叠的话，有的地方加强了，有的地方减弱了，叫做什么现象?

▼

A 波的干涉现象

波峰和波峰重叠的话，波峰的地方会更高；波峰和波谷叠加的话，波峰会变低。

拿水波来举例的话，当波中强的部分和弱的部分是相同点的话，波形的改变就可以看得见。

干涉是波（波动）特有的现象。

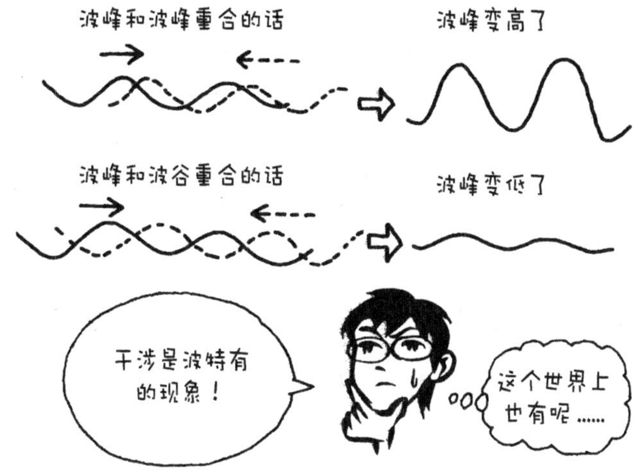

Q 弹簧从自然状态到伸长 x 的状态，这个弹簧受到的力 F 用 x 怎么表示?

▼

A $F=kx$（k：定值）

用上述的式子来表示，力和伸长的长度是成比例的。

伸长 2 倍的话，就要施加 2 倍的力；伸长 1/2 倍的话，就要施加 1/2 倍的力。

但是，这是在弹簧弹性范围内才能这样定义。在弹性范围内的这种性质称为弹性。一旦超出了弹性范围，就无法再产生能返回原处的力了。

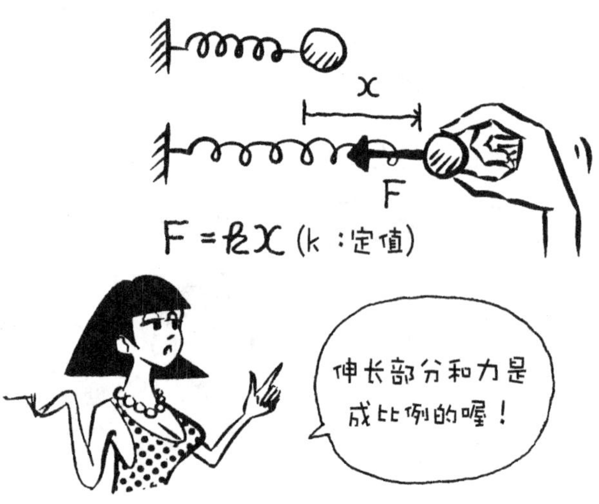

Q 弹簧被施加力时发生形变，松手之后又恢复原样的性质是什么？

▼

A 弹性

弹性的英语是 elasticity，源于希腊语中的“恢复”。

在弹性范围内，施加力的话可以得到恢复。因为是弹力所具有的性质，因此叫做弹性。

不只是弹簧，橡胶、混凝土、铁块等发生了少量的变形也可以恢复。就是因为有弹性。一旦超过了这个弹性的范围，就无法恢复原来的样子了。

Q 对物体施加力之后撤除力，物体发生的形变不能恢复的性质叫什么？

▼

A 塑性

对黏土施加力的作用，一旦力撤除了，发生的形变也不能恢复。这种性质就叫做塑性。在英语中是 plasticity。弹簧一定范围内施加力的作用是能够恢复的。在保持弹性的这个范围内，叫做弹性范围。但是，如果变形的尺度超过这个范围，就再也不能恢复了。这就是说，即使是弹性物体、在超出了弹性的范围之后，也有塑性的性质了。

Q 稍微拉动弹簧，使弹簧在手离开后发生振动；稍微给单摆一个推力，使单摆在手离开后发生来回摆动，这种振动和摆动叫做什么运动?

▼

A 简谐运动

大幅度的摆动并不能形成简谐运动，总是在平衡位置附近摆动的运动，才是简谐运动。

简谐运动是最单纯的振动。一般的振动都十分复杂，可以认为是简谐运动的合成。

Q 用垂直于匀速圆周运动平面的光线照射该平面，得到的影子的运动是什么运动?

▼

A 简谐运动

当物体每秒转过相同的角度时，从垂直于运动平面的角度上看来，是规则的上下振动。这种运动是简谐运动。简谐运动的定义就是这个圆周运动的投影。

正确地来说，应该是“某个点进行圆周运动时，正投影在这个点的直径（或者说是平行于直径的光线）上的这个点的运动，叫做简谐运动。”

正投影就是垂直投影在平面正下方的投影。因为是投影在垂直下方，所以称之为“正”。普通的投影的话，有斜投影也有正投影。

Q　1 秒内旋转 45° 的物体的角速度 ω（欧米伽）是多少?

▼

A　ω=45°/s 或者是 $\pi/4$（rad/s）

1 秒内旋转多少角度就是角速度。角速度 = 角度的速度。角速度常用的单位是 ω（欧米伽）。角度有用度（°）表示的，也有用弧度（rad）表示的。在数学上，经常用到的是弧度。

弧度用弧长是半径的几倍来表示。360° 就是弧长是半径的（2×圆周率）倍，180° 就是弧长是半径的圆周率倍。也就是说，用弧度表示的话，360° 是 2π，180° 是 π。

Q 角速度为 ω 的圆周运动的周期 T 是多少?

▼

A $T=2\pi/\omega$

周期就是运动 1 周所需的时间。1 周就是 360° 、2π rad。

每秒旋转了 ω rad，那么 2π rad 所需的时间就是 $2\pi/\omega$ 秒。因此，

周期 $T=2\pi/\omega$ 秒

$\omega=\pi$ 时，

周期 $T=2\pi/\pi=2$ 秒

$\omega=\pi/4$ 时

周期 $T=\dfrac{2\pi}{\frac{\pi}{4}}=8$ 秒

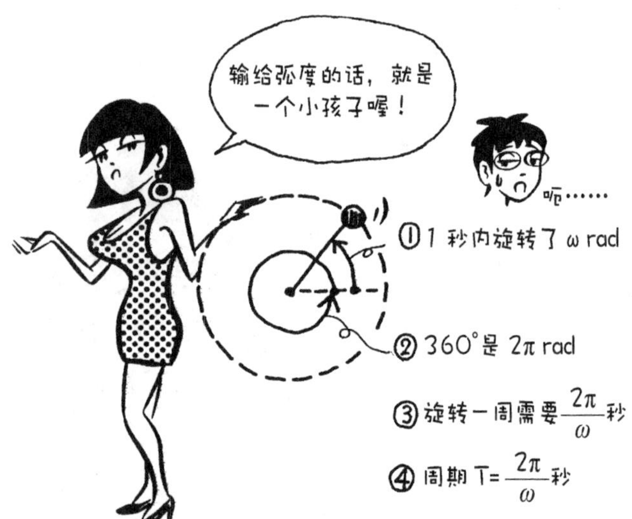

Q 角速度为 ω 的物体进行圆周运动，0 秒的时候在 x 轴上，t 秒之后与 x 轴的夹角是多少度?

▼

A ω t rad

1 秒内旋转了 ω rad，t 秒的话就旋转了 ω t rad。考虑圆周运动的话，一般是考虑从 x 轴开始的逆时针运动。

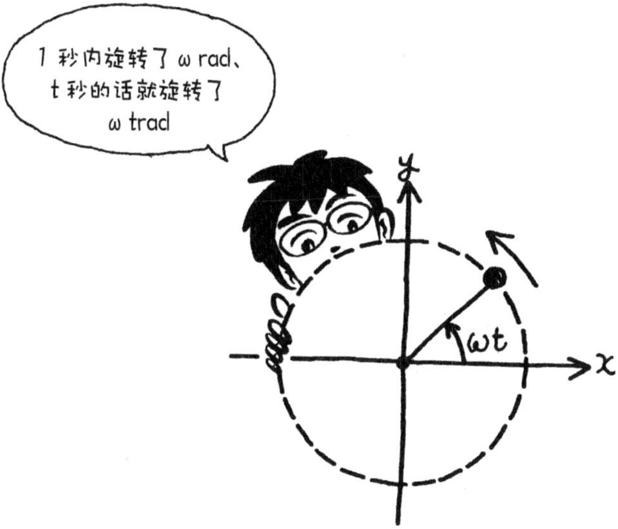

Q 半径为 r，角速度为 ω 的物体进行圆周运动，在 y 轴上的正投影的运动可以认为是简谐运动。从 x 轴开始的逆时针运动，t 秒之后物体在 y 轴的正投影 y 是多少?

▼

A y=r sin ωt

t 秒之后的角度是 ωt。这个时候半径 r 与 y 轴的值关系如图所示，是直角三角形的关系。sin ωt 是 r 分解在 y 轴上的大小。所以，y 就是 r sin ωt。

因为 sin ωt=y/r，y=r sin ωt。

物体的正投影的位置就是离原点 r sin ωt 的位置。

把 sin、cos 忘了的人，可以在这里一起再记一下。它们都是简单的三角函数符号。

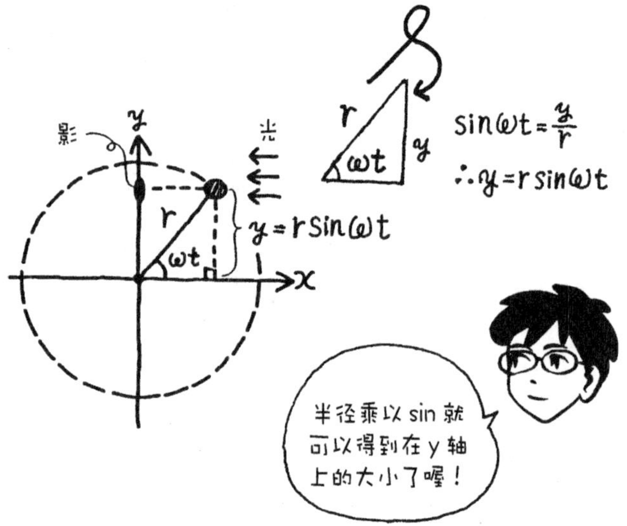

Q 如何从位移的式子得出速度、加速度的式子?

▼

A 对位移的式子进行时间 t 的微分，就能得到速度的式子。对这个速度的式子再进行时间 t 的微分，就是加速度的式子。

速度就是位移的变化率。单位时间内位移的增量,就是速度。因此，位移的式子经常用来求速度的式子。求变化率的话，就常常要把位移微分。

加速度就是速度的变化率。单位时间内速度的增量，就是加速度。因此，速度的式子经常用来求加速度的式子。只要把速度的式子进行微分就可以了。

一般我们使用 v 作为速度，a 作为加速度的符号。这些式子的关系如下图所示。在 f 的右上角加一撇，就是对函数 f 进行微分的意思。有两撇的话，就代表着二次微分的意思。

Q 已知简谐运动的位移的式子，y=r sin ωt，如何求速度、加速度的式子？

▼

A $v=r\omega\cos\omega t$

$a=-\omega^2 y$

对位移的式子 y 进行微分，就可以得到速度 v 的式子。sin 的微分就是 cos。t 因为与 ω 相乘，因此在式子前面也要乘以 ω。

$$v=y'=(r\sin\omega t)'=r\omega\cos\omega t$$

对速度的式子 v 进行微分，就可以得到加速度 a 的式子。cos 的微分就是 −sin。

$$a=v'=(r\omega\cos\omega t)'=-r\omega^2\sin\omega t=-\omega^2(r\sin\omega t)=-\omega^2 y$$

加速度要带上负号。y 是正的时候，加速度的方向向下，y 是负的时候，加速度的方向向上。

简谐运动的话，在通过原点的时候速度最快，向上运动的话速度就减小，到某个点就会停止。然后，就向反方向运动。也就是说，运动方向和加速度方向相反的话，物体受到的力的方向与运动方向相反。

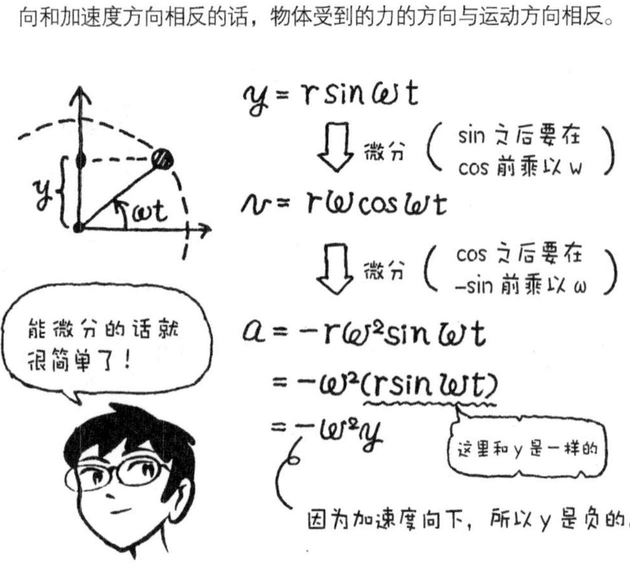

Q 角速度是 ω、半径是 r 的圆的物体速率是多少?

▼

A $v=\omega r$

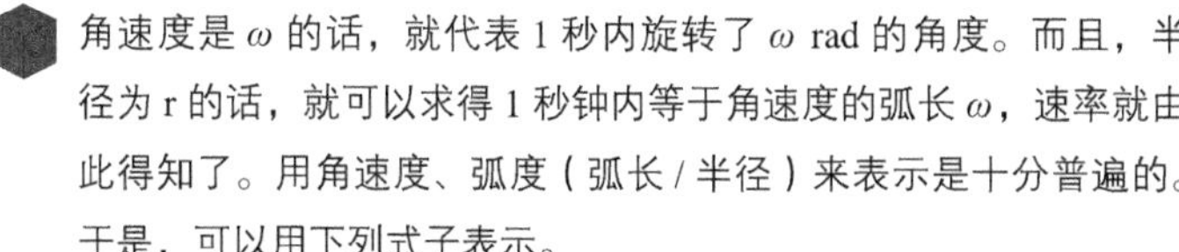

角速度是 ω 的话，就代表 1 秒内旋转了 ω rad 的角度。而且，半径为 r 的话，就可以求得 1 秒钟内等于角速度的弧长 ω，速率就由此得知了。用角速度、弧度（弧长 / 半径）来表示是十分普遍的。于是，可以用下列式子表示。

角速度 ω=1 秒内旋转的角度

=1 秒内旋转的弧长 v/ 半径 r

由以上式子，可以求出 1 秒内旋转的弧长 $v=\omega r$。也就是 1 秒内走过的弧长为 ωr。这也就是说，速率就是

$v=\omega r$

速率 v 的方向，是该点圆的切线的方向。速率 v 的方向一直都在改变。

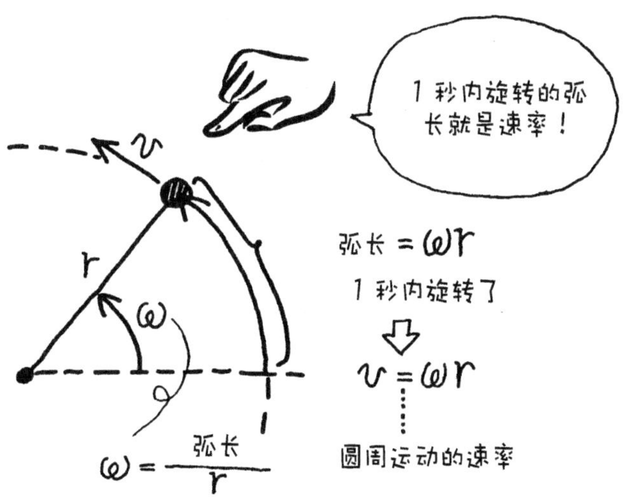

Q 半径为 r、角速度为 ω 的物体进行匀速圆周运动，在 y 轴上的正投影的运动可以认为是简谐运动。在 t=0 时投影通过 x 轴，则 t 秒之后简谐运动的式子是什么?

▼

A $r\omega\cos\omega t$

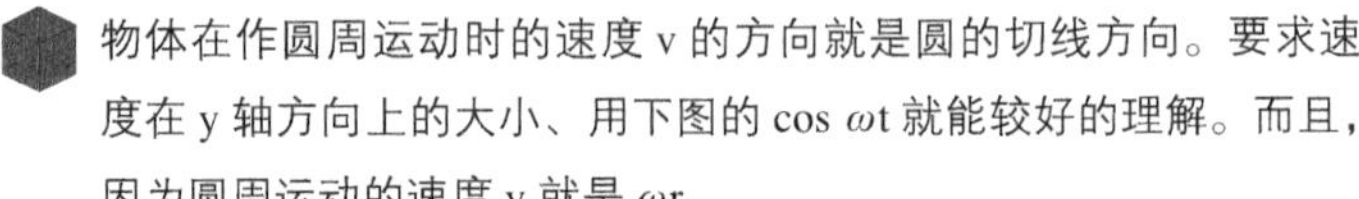

物体在作圆周运动时的速度 v 的方向就是圆的切线方向。要求速度在 y 轴方向上的大小、用下图的 $\cos\omega t$ 就能较好的理解。而且，因为圆周运动的速度 v 就是 ωr、

简谐运动的速度 $=v\cos\omega t=r\omega\cos\omega t$

这与对简谐运动位移的表达式 $y=r\sin\omega t$ 的 t 进行微分得到的结果是一样的。

可以微分的话，就不用考虑复杂的图形。和直接运算不如建立方程轻松一样，运用数学的方法比分析图形容易。若是想从图像上求简谐运动的加速度，就必须用更复杂的图形分析。所以用微分来求就是最好的方法。

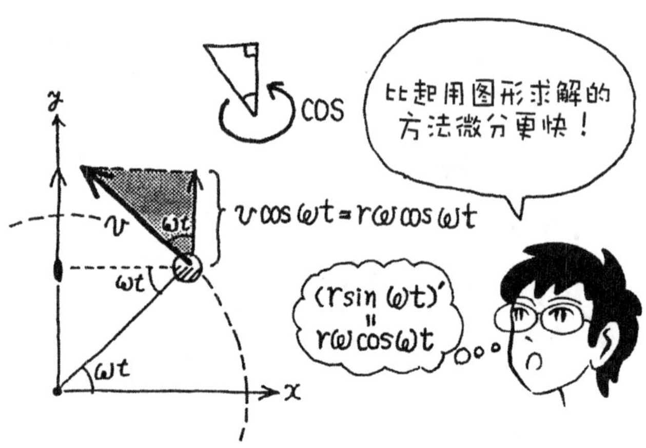

Q 悬挂在弹簧上质量为 m 的物体在振动。在距离弹簧中心为 y 的地方受到 F 的力，F 用 $F=-ky$ 表示。这个物体的加速度 a 是多少？

▼

A $a=(-k/m)y$

联立运动方程式（ma=F）

$ma=-ky$

这个式子的加速度 a 为

$a=(-k/m)y$

带上负号的意思是在原点上加速度的方向向下，在原点下加速度的方向向上。

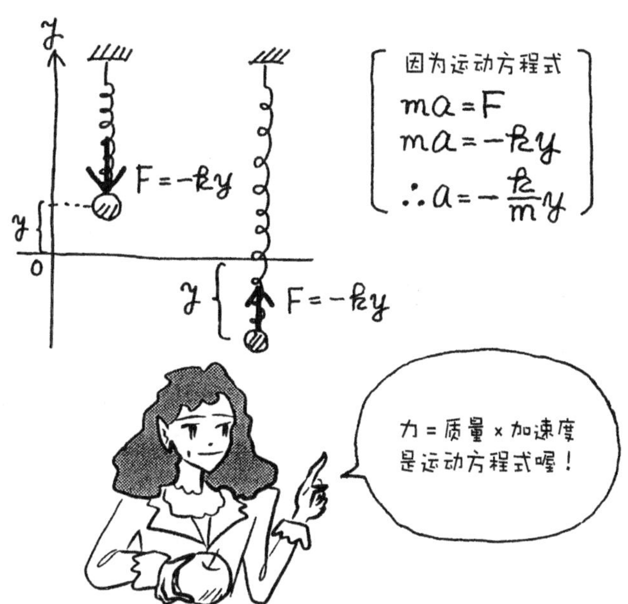

Q 挂在弹簧上的物体加速度是 $a=(-k/m)y$。并且，角速度为 ω，做匀速圆周运动的物体的 y 轴投影加速度也是 $a=-\omega^2 y$。从这两个式子，能否得出用弹簧悬挂的物体进行圆周运动时的角速度 ω 是多少？

▼

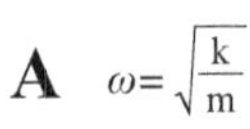

A $\omega=\sqrt{\frac{k}{m}}$

由 $a=(-k/m)y$、$a=-\omega^2 y$ 得

$k/m=w^2$

因此，$\omega=\sqrt{\frac{k}{m}}$。简谐运动和圆周运动是相互关联的。可以将简谐运动看做圆周运动，也可以将圆周运动看做简谐运动。这里的话，就是将弹簧的简谐运动看做圆周运动，要求得其角速度。

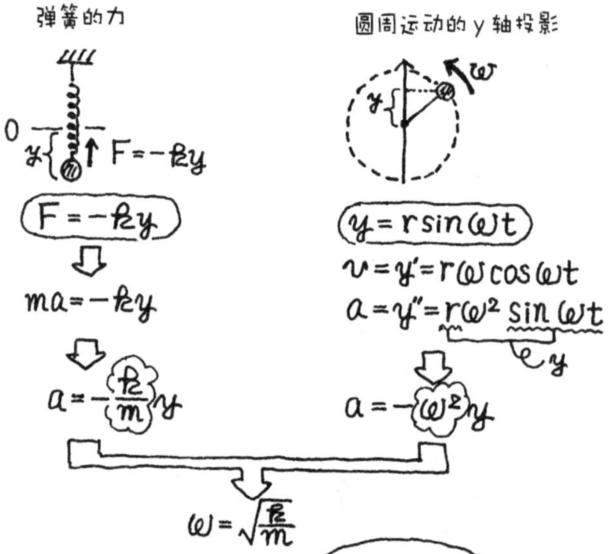

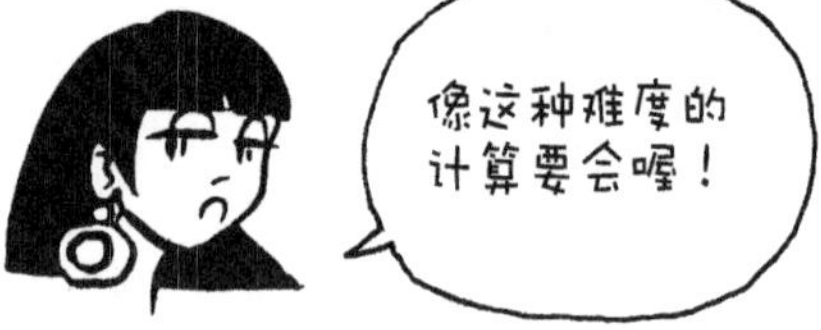

弹簧的力

0

y

$F=-ky$

$F=-ky$

$ma=-ky$

$a=-\frac{k}{m}y$

圆周运动的 y 轴投影

ω

y

$y=r\sin\omega t$

$v=y'=r\omega\cos\omega t$

$a=y''=r\omega^2\sin\omega t$

y

$a=-\omega^2 y$

$\omega=\sqrt{\frac{k}{m}}$

像这种难度的
计算要会喔！

Q 将弹簧进行简谐运动看做圆周运动，此时的角速度是 $\omega=\sqrt{\frac{k}{m}}$，则此时周期是多少？

▼

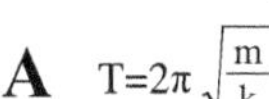

A $T=2\pi\sqrt{\frac{m}{k}}$

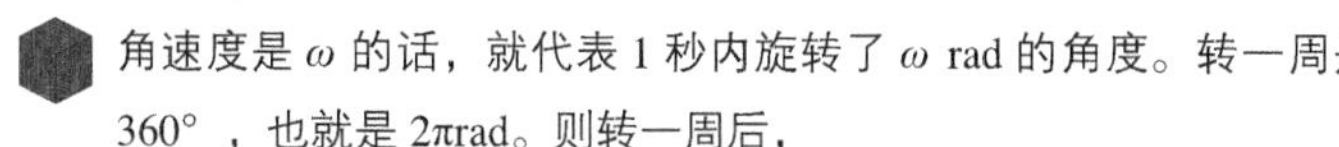

角速度是 ω 的话，就代表 1 秒内旋转了 ω rad 的角度。转一周是 360°，也就是 2πrad。则转一周后，

$$2\pi/\omega=2\pi/\left(\sqrt{\frac{k}{m}}\right)=2\pi\sqrt{\frac{m}{k}}\text{秒}$$

这个就是周期 T。

$$T=2\pi\sqrt{\frac{m}{k}}\ (\mathrm{s})$$

角速度 $\omega=\sqrt{\frac{k}{m}}\ (\mathrm{rad/s})$

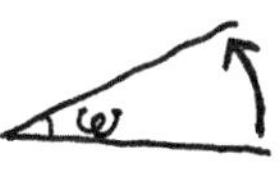

在 1s 内旋转了 $\omega=\sqrt{\frac{k}{m}}\ (\mathrm{rad})$

转一圈是 2π (rad)

一周就需要 $\frac{2\pi}{\omega}=\frac{2\pi}{\sqrt{\frac{k}{m}}}=2\pi\sqrt{\frac{m}{k}}$ 秒

周期 $T=\frac{2\pi}{\omega}=2\pi\sqrt{\frac{m}{k}}\ (\mathrm{S})$

转一周是 2π，因此就需要 $\frac{2\pi}{\omega}$ 秒喔！

Q 弹簧系数为 k、质量为 m 的弹簧振动时，周期是多少?

▼

A $T=2\pi\sqrt{\frac{m}{k}}$

周期的式子要好好记住比较好喔!

Q 1 $y=2x$ 的 x 变成 2 倍的话，y 是多少？

2 $y=-1/2x$ 的 x 变成 2 倍的话，y 是多少？

▼

A 1 因为 $x=1$ 的时候 $y=2$，$x=2$ 的时候 $y=4$，所以 x 变成 2 倍的话，y 也会变成 2 倍。

2 因为 $x=1$ 的时候 $y=-1/2$，$x=2$ 的时候 $y=-1$，所以 x 变成 2 倍的话，y 也会变成 2 倍。

一般来说，$y=mx$（m：非 0 常数）的情况下，x 变成 2 倍的话 y 也会变成 2 倍，x 变成 3 倍的话 y 也会变成 3 倍。这种关系就叫做成比例，也有叫做成正比例的。

Q　$y=2/x$ 的 x 变成 2 倍的话，y 是多少?

▼

A　因为 $x=1$ 的时候 $y=2$，$x=2$ 的时候 $y=1$，所以 x 变成 2 倍的话，y 变成 1/2 倍。

一般来说，$y=\mathrm{m}/x$（m：非 0 常数）的情况下，x 变成 2 倍的话 y，变成 1/2 倍，x 变成 3 倍的话，y 变成 1/3 倍。这样的关系就叫做成反比例。

Q $y=2x$ 的图形是怎样的?

▼

A 因为 $x=0$ 的时候 $y=0$，$x=1$ 的时候 $y=2$，所以是通过原点（0，0）和点（1，2）的直线。

y 总是 x 的 2 倍,按照一定的比例变化下去。所以,图形是一条直线。就像这样成比例的图形，一定是通过原点的直线。

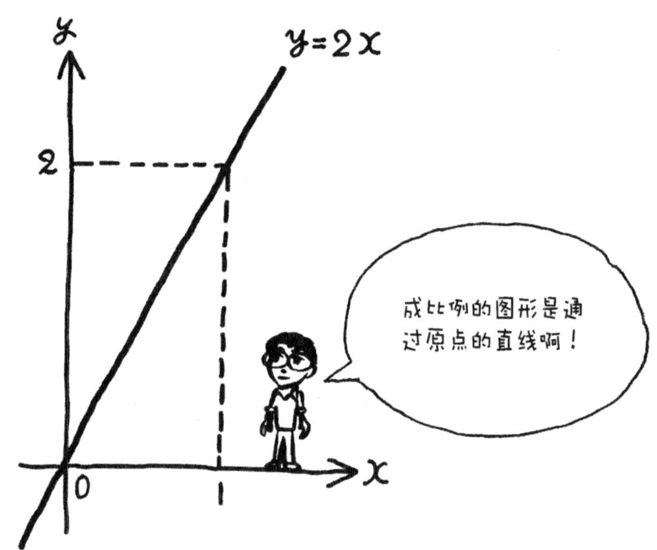

Q $y=2/x$ 的图形是怎样的?

▼

A 是双曲线

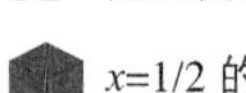

$x=1/2$ 的时候 $y=4$，$x=1$ 的时候 $y=2$，$x=2$ 的时候 $y=1$，$x=4$ 的时候 $y=1/2$

$x=-1/2$ 的时候 $y=-4$，$x=-1$ 的时候 $y=-2$，$x=-2$ 的时候 $y=-1$，$x=-4$ 的时候 $y=-1/2$

将以上各点连成线的话，如下图所示，是分布在正半侧和负半侧的 2 条曲线。所以这种图形被称为双曲线。

成反比例的关系，即 $y=m/x$(m：非 0 常数)的图形，全部都是双曲线。

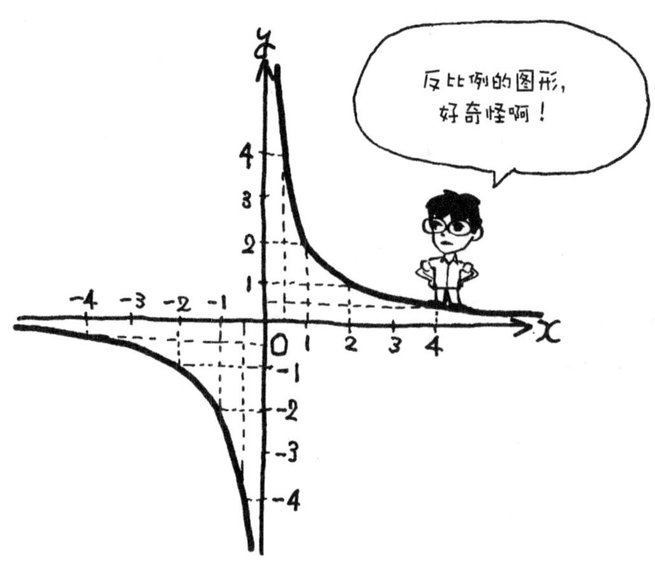

Q x 和 y 存在 $y=2x+1$ 的关系的时候，那是比例关系吗？

▼

A $x=1$ 的时候 $y=3$，$x=2$ 的时候 $y=5$。即便 x 变成了 2 倍，y 也没有变成 2 倍，所以它们不是比例关系。

一般来说，$y=mx+n$（m，n：非 0 常数）的情况下，不会是比例关系。只有 $n=0$ 的时候，才会成为比例关系。

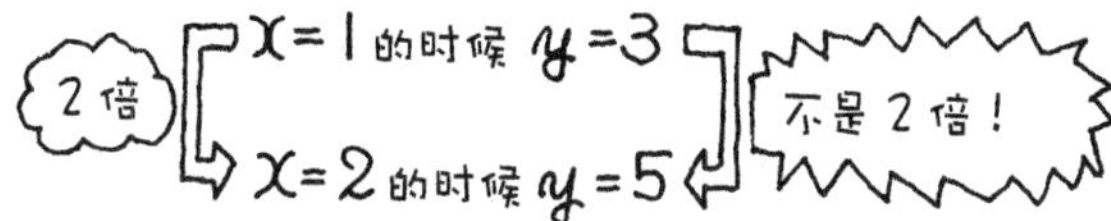

Q $y=2x+1$ 的图形是怎样的?

▼

A 因为 $x=0$ 的时候 $y=1$,$x=1$ 的时候 $y=3$,所以是通过点(0,1)和(1,3)的直线，如下图所示。

因为点(0，1)位于 y 轴上，所以是直线和 y 轴的交点。也称为 y 截距。

这个图形，是把 $y=2x$ 的图向上平移一个单位之后得到的图形。在 $y=2x+1$ 的式子中，+1 发挥着使图形上移一个单位的功能。

Q $y=2x$ 的图形斜率是多少？它是什么意思?

▼

A 斜率是 2。表示在 x 方向前进 1 个单位时，同时在 y 方向上升 2 个单位。

一般来说，斜率 =y 的变化量 /x 的变化量。

变化量经常用符号 Δ（德尔塔）来表示。x 的变化量就是 Δx。使用这个符号的话，斜率可如下表示，

斜率 $=\Delta y/\Delta x$

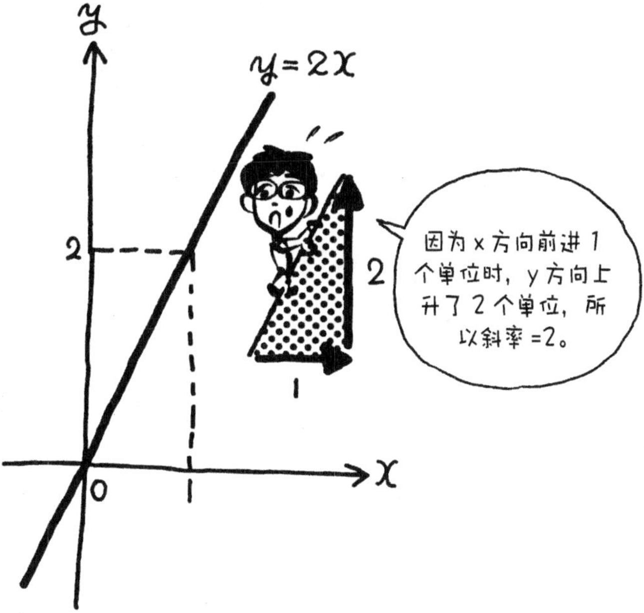

Q　直线的斜率用与 x 轴的夹角 θ 表示的话会是什么样?

▼

A　斜率 $=\Delta y/\Delta x=\tan\theta$

斜率就是 y 的变化量 $/x$ 的变化量 $=\Delta y/\Delta x$。如下图所示，这和 $\tan\theta$ 一样。正切在考虑倾斜程度的时候成为很有效的工具。

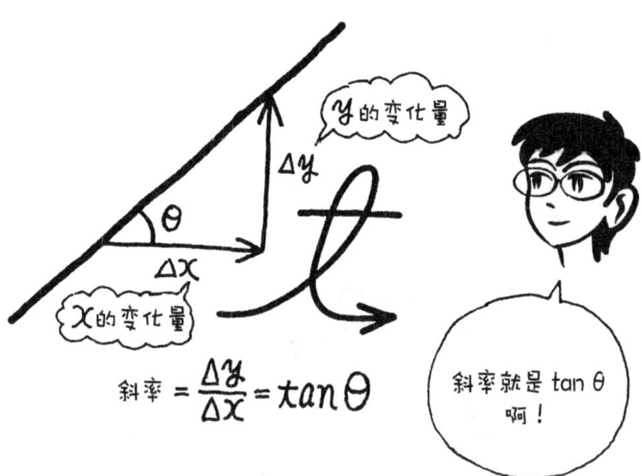

Q $y=-x+1$ 的图形是怎样的?

▼

A 如下图所示，是通过点（0，1）和（1，0）的斜率为 -1 的直线。

斜率是 -1，就表示当 x 前进一个单位长度时，y 下降一个单位长度。负的斜率，一定是斜向右下方的。

正的斜率→斜向右上方

负的斜率→斜向右下方

这一点，一定要好好记住喔!

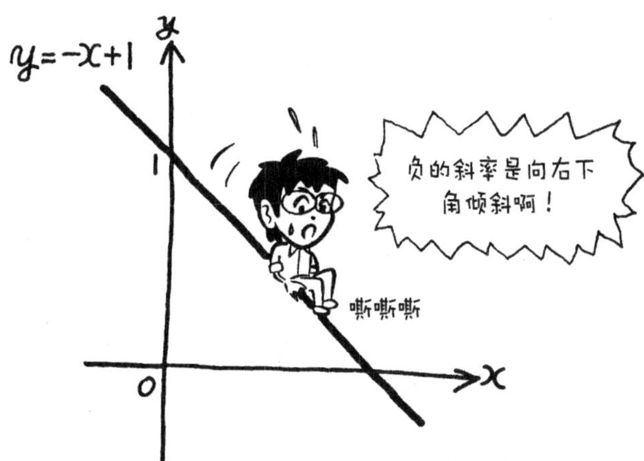

Q y=1 的图形是怎样的？

▼

A 如下图所示，是通过点（0，1）的水平直线。

y=1 也就是说，无论 x 是什么数，y 都是 1，无论在哪个地点，高度都是 1。因此，图形是高度为 1 的水平直线。

y=1 也可以认为是 y=0×x+1。也就是说斜率为 0。

斜率 =0，就表示直线是水平的。这点要记住喔。

斜率 >0 →斜向右上方

斜率 =0 →水平

斜率 <0 →斜向右下方

Q 1 斜向右上（增加）的直线的斜率是怎样的?

2 水平直线的斜率是怎样的?

3 斜向右下（减少）的直线的斜率是怎样的?

A 1 斜率 > 0

2 斜率 $=0$

3 斜率 < 0

微分计算的时候，斜率的正负经常出现，所以要好好记住喔。

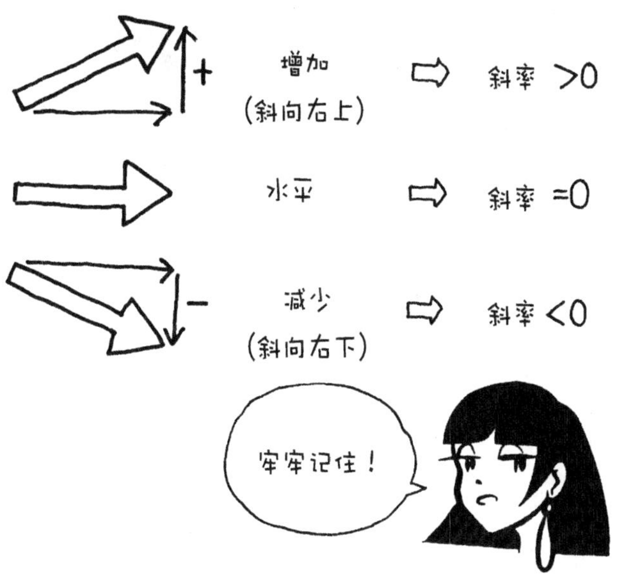

Q 对于 $y=2x+1$，关于 x 进行微分的话，结果是多少？

▼

A $y'=2$

进行微分的话，会得到斜率。斜率就是 2。然后，在 y 上加上一撇表示要对 y 做微分、也就是 y' 来表示。因此，

$$y'=2$$

进行微分的话会得到斜率，好好记住这一点吧！

Q $y=2$ 微分之后是多少?

▼

A $y'=0$

因为 $y=2$ 的图形是高度为 2 的水平直线，所以斜率为 0。

因此，

$y'=0$

虽然斜率是 x 前面带有的数字，因为这种情况下带有的数字是 0，即 $y=0x+2$，所以可以认为 x 没有在式子中出现。

1 对 $y=-x+1$ 进行微分的话结果是多少？

2 对 $y=1/2x-5$ 进行微分的话结果是多少？

3 对 $y=3$ 进行微分的话结果是多少？

A

1 $y'=-1$

2 $y'=1/2$

3 $y'=0$

进行微分运算，就是求各条直线的斜率。x 的前面带有的数字就是斜率。因为 Q3 是水平直线，所以斜率为 0。这种情况也和上一问一样，因为 x 的前面带有的数字是 0，即 $y=0x+3$，所以认为 x 从式子里消失了。

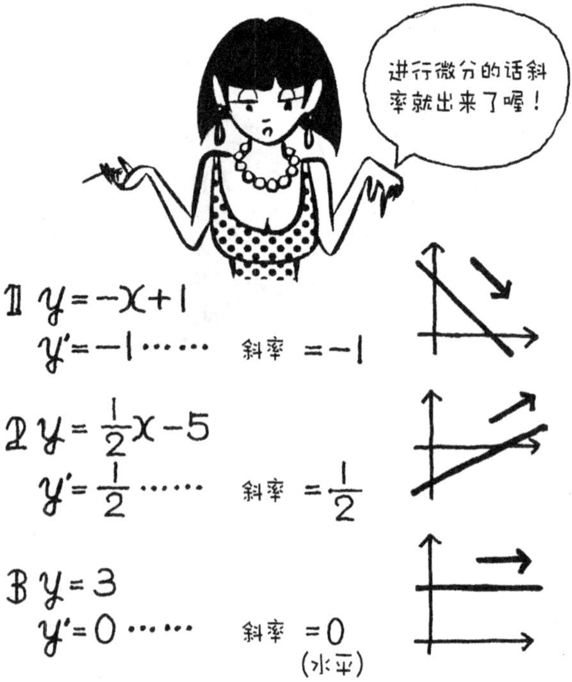

进行微分的话斜率就出来了喔！

1 $y=-x+1$

$y'=-1$ …… 斜率 $=-1$

2 $y=\frac{1}{2}x-5$

$y'=\frac{1}{2}$ …… 斜率 $=\frac{1}{2}$

3 $y=3$

$y'=0$ …… 斜率 $=0$（水平）

Q $y=x^2$ 的图形是怎样的?

▼

A 因为 $x=0$ 的时候 $y=0$，$x=1$、-1 的时候 $y=1$，$x=2$、-2 的时候 $y=4$，$x=3$、-3 的时候 $y=9$,所以图形是如下图所示的关于 y 轴对称的曲线。

因为负数平方之后会变成正数，所以 x 无论是 -1 还是 $+1$，其 y 值都是一样的。

也就是说，得到的是位于 y 轴的左边和右边而且高度相同的左右对称的图形。这个曲线被称为抛物线。一般来说，$y=ax^2+bx+c$（a、b、c 是常数，a 不等于 0），也就是 x 的二次方程式的图形是抛物线。因为物体抛出去时描绘出来的曲线就是这种曲线，所以它被命名为抛物线。

（以下内容，仅供有兴趣的读者阅读）

设物体抛出去时向上的速度是 v_1，水平方向的速度是 v_2。v_1 每秒按照重力加速度 g 的大小减小。另一方面，水平方向的速度一直保持 v_2。这样 t 秒之后的速度是，

v（竖直方向）$=v_1-gt$

v（水平方向）$=v_2$

将速度对时间进行积分之后得到的是位移。

$y=v_1t-1/2gt^2$

$x=v_2t$

把 x、y 式子中的 t 消去之后可整理得出，

$y=-[g/(2v_2^2)]x_2+(v_1/v_2)x$

就变成了 x 的二次方程式。

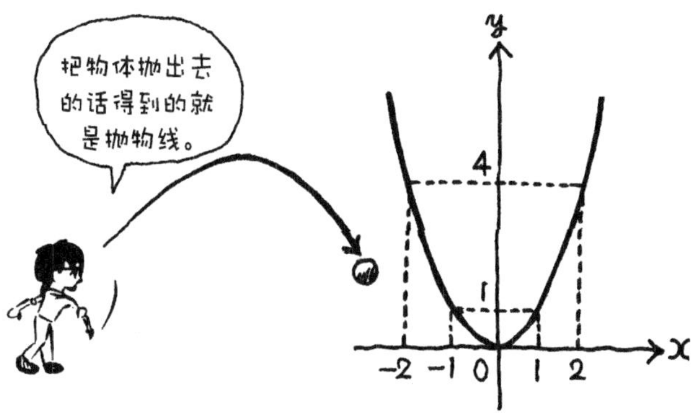

Q $y=x^2$ 的斜率是一定的？还是变化的？

▼

A 斜率是根据位置的变化而经常变化的。

在曲线中提起斜率，也是很模糊的概念，因为它不是直线。正确地说，应该是切线的斜率。

切线的斜率，在曲线上一直在变化。为了求切线斜率，还是进行微分好了。因为随着 x 的位置变化斜率也在变化，所以斜率是包含 x 的式子（x 的函数）。

表示切线斜率的式子，叫做导函数。求导函数就是进行微分。

Q $y=x^2$ 微分之后是多少？

▼

A $y'=2x$

微分的时候把 x^2 的 2 次方的 2 提到前面；并且减少 1 个次方变成 x 的 1 次方。

这样的话，就得到 $y'=2x$。这种微分的方法，记住的话会很方便。

进行微分求出来的是导函数。所谓导函数，就是斜率的式子。它表示 x 所在地点的切线斜率。

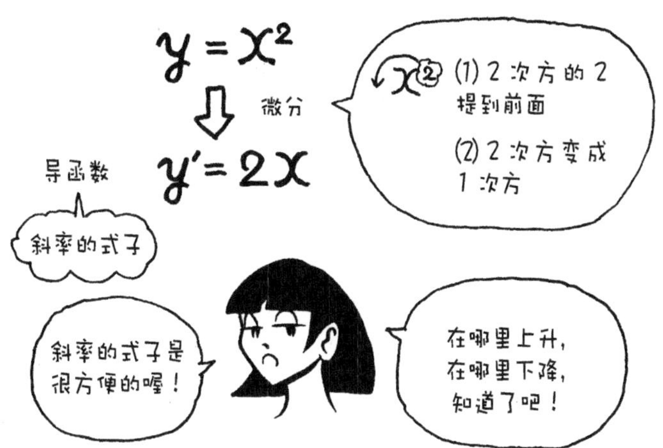

Q 导函数的表示方法，除了 y' 还有别的吗？

▼

A 还使用 dy/dx，$f'(x)$ 等等。

表示方法有使用微小变化量 d 的 dy/dx、使用函数符号 $f(x)$ 的 $f'(x)$。

斜率用 y 的变化量 Δy 除以 x 的变化量 Δx 得到的 $\Delta y/\Delta x$ 来表示。

斜率 $=\Delta y/\Delta x$

当图形是曲线的时候，即使说到斜率，也只是在某个点的瞬时的斜率。准确地说，是曲线的某个点的切线斜率。表示该瞬间斜率的式子就是导函数。求导函数就是进行微分。

对于某一瞬间的斜率，变化量 Δy、Δx 必须尽可能的小。测量的是无限小的部分的时候，y 的变化量 Δy 写成 dy、x 的变化量 Δx 写成 dx。

$\Delta y \rightarrow dy$

$\Delta x \rightarrow dx$

因此斜率表示发生如下变化，

$\Delta y/\Delta x \rightarrow dy/dx$

dy/dx，按大概意思说的话，就是曲线上某个点的斜率。

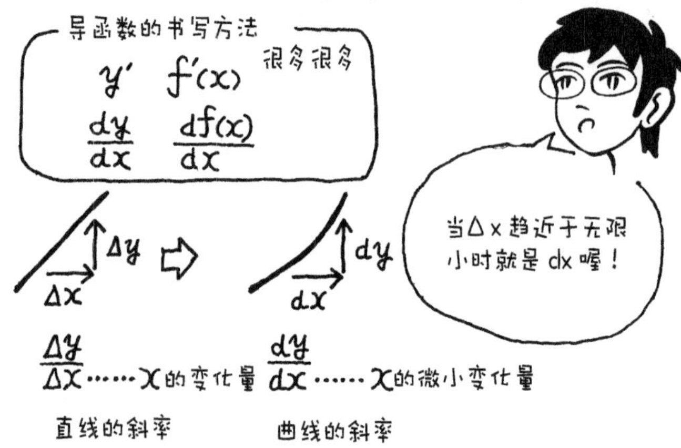

Q 当 y 用 x 的式子表示时（y 是 x 的函数的时候），该用怎样的表示方法?

▼

A $y=f(x)$

x 变成 2 倍的话得到 y，或 x 平方之后减 1 得到 y，像这样确定 x 的话 y 就确定的时候，对 x 进行操作加工的方法称为 x 的函数。出来的结果是 y 的时候，就称为 y 是 x 的函数。然后，写成 $y=f(x)$。f 就是 function（函数、功能）的首字母。

函数就像是数字的加工工厂。当 $f(x)=x^2$ 时，它就是放入 2 产出 4、放入 3 产出 9 的工厂。

函数也可以看作是数字的加工盒子。若盒子的加工工程是把放入的数进行平方，则放入 2 出来 4、放入 3 出来 9。这用式子来表示，就是 $f(x)=x^2$。平方之后的结果用 y 来表示的话，就有 $y=f(x)=x^2$。对该 $f(x)$ 进行微分的话，得到导函数 $f'(x)$，表示 $f(x)$ 的各点的斜率。

如果 $f(x)=x^2$，则有 $f'(x)=2x$。

x
2
3
f(x)
4 ……代入 2 时出来的是 4
f(2)=4
9 ……代入 3 时出来的是 9
f(3)=9
加工
⋮
函数
function
⇩
f( )
Function 是加工数字的工厂啊！

Q 在 $y=f(x)=x^2$ 的图形上，$x=-1$、$x=0$、$x=1$ 处的切线斜率是多少？

▼

A $x=-1$ 的时候，$f'(-1)=-2$

$x=0$ 的时候，$f'(0)=0$

$x=1$ 的时候，$f'(1)=2$

对 $y=f(x)=x^2$ 微分的话，得到 $y'=f'(x)=2x$。

然后，分别求各个 x 值的 y' 的话，那就是在各个点的切线斜率。像这样，曲线的斜率是一直在变化的。表示在各个点的那一瞬间的斜率的式子是导函数。那么，求该导函数的计算就是微分。

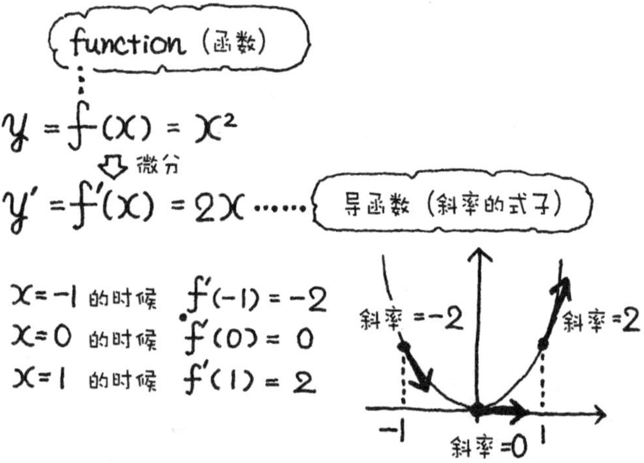

Q 1 对 $y=x^2-2x+3$ 微分的话得到多少？

2 对 $y=-2x^2-4x+1$ 微分的话得到多少？

▼

A 1 $y'=2x-2$

2 $y'=-4x-4$

因为 $y=$ 常数的时候，图形是高度相同的直线其斜率为 0，所以微分之后得到的是 0。（常数）$'=0$。

因为 $y=mx$ 是斜率为 m 的直线，所以微分之后得到的是 m。

一般来说，$(x^n)'=nx^{n-1}$。x 的 n 次方的微分，是 nx 的（n−1）次方。把几次方的部分提到前面，然后再把次方数减掉 1。把这个好好记住吧。

相加的函数的微分，是把各个部分的微分加起来，这样就相当于对函数整体的微分。在 Q1 中、各个部分微分之后是 $2x$、-2 和 0，把它们加起来，整体的微分结果就是 $y'=2x-2$。

微分的计算和其他的计算一样，弄清了数字的话就能简单地进行。

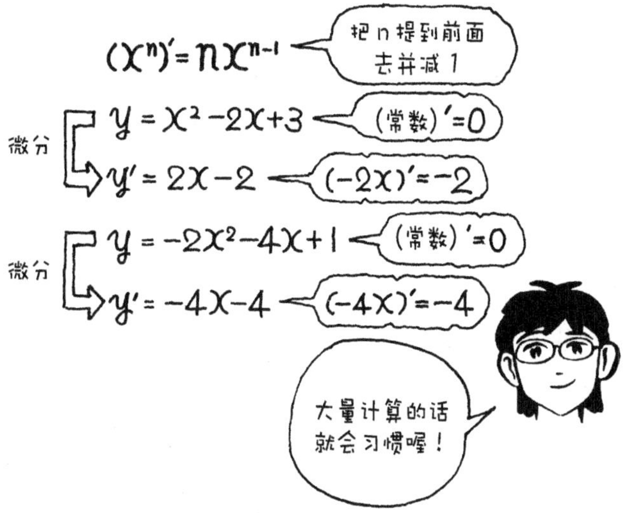

Q 抛物线 $y=x^2-2x+3$ 的顶点，如何用微分来求？

▼

A 顶点是（1，2），求法如下所示。

用微分求的话，就是 $y'=2x-2$。

求 $y'=0$ 时的 x 的话，从 $0=2x-2$ 可得 $x=1$。

$x=1$ 的时候，$y'=0$、斜率 =0。斜率等于 0 的话，说明切线是水平的。在抛物线上水平的部分，就是由递增转为递减的点。也就是指山顶或山谷。

当 $x>1$ 时 $y'=2x-2>0$，斜右上

当 $x<1$ 时 $y'=2x-2<0$，斜右下

$x=1$ 的时候，因为 $y=x^2-2x+3=1^2-2\cdot1+3=2$，所以（1，2）是顶点的坐标。当图形是曲线的时候，微分之后得到斜率的式子（导函数），求让它为 0 的点，就可知山顶或山谷的位置。

$y=x^2-2x+3$

$y'=2x-2$

- 为了使 $y'=0$，有
  $2x-2=0$
  $\therefore x=1$ 的时候
- $x>1$ 的话 $y'>0$
  所以斜右上 ↗
- $x<1$ 的话 $y'<0$
  所以斜右下 ↘
- 所以，$x=1$ 的地方是顶点。
  这时，$y=1-2+3=2$
  $\therefore$ 顶点的坐标是 (1,2)

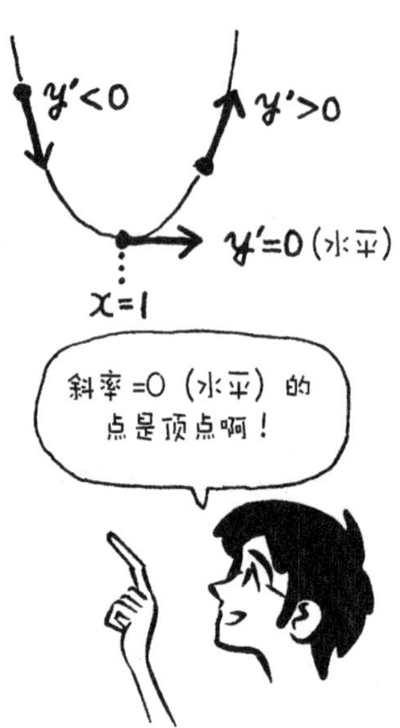

Q $y=x^2-2x+3$ 的顶点的位置，不用微分如何求?

▼

A 顶点是（1，2），求法如下所示。

二次函数的顶点，通过把式子变形为（ ）^{2} 的形式即可求解。

$y=x^2-2x+3=(x^2-2x)+3$

注意上式（x^2-2x）的部分，再有 +1 的话就可写成（$x-1$）^{2}。为了造出 +1，于是在后面加上 −1，使得式子保持不变。

$y=(x^2-2x+1-1)+3$

把加在后面的 −1 拿到括号外面进行计算的话，就有：

$y=(x^2-2x+1)-1+3$

$=(x-1)^2+2$

（$x-1$）是被平方的，所以不会成为负数。总是大于或等于 0 的数。当 $x=1$ 时（$x-1$）2 最小为 0。此时，y 最小为 2。也就是说，顶点的位置是（1，2）。这里就是谷底。

$y=x^2-2x+3$

$=(x^2-2x+1)-1+3$

强行凑成这种形式

$=(x-1)^2+2$

• $x=1$ 时 y 等于 0

无论是 $x>1$ 还是 $x<1$ 时 y 都是正值，

∴ $x=1$ 时 y 最小

• $x=1$ 时 $y=1^2-2\cdot1+3=2$

∴ 顶点是 (1,2)

顶点

$x=1$

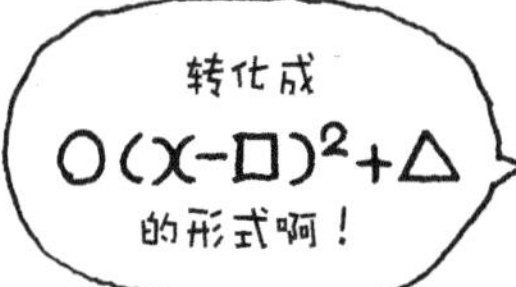

Q 1 如何用微分求 $y=-2x^2-4x-1$ 的图形的顶点?
2 如何用式子的变形求 $y=-2x^2-4x-1$ 的图形顶点?

A 1 用微分求解的话，

$$y'=-4x-4=-4(x+1)$$

$x=-1$ 的时候 $y'=0$，是斜率为 0 的水平线。因此，$x=-1$ 是顶点，此时 y 的值为

$$y=-2(-1)^2-4\cdot(-1)-1=-2+4-1=1$$

所以，顶点的坐标是 $(-1, 1)$。

2 用式子的变形求解的话，

$$\begin{aligned} y&=-2x^2-4x-1\\ &=-2(x^2+2x)-1\\ &=-2(x^2+2x+1-1)-1\\ &=-2(x^2+2x+1)+2-1\\ &=-2(x+1)^2+1 \end{aligned}$$

$x=-1$ 时 $(x+1)^2$ 最小为 0。此时，$y=1$。因此，顶点是 $(-1, 1)$。

A2 的变形方法叫做完全平方。复杂的完全平方式的计算是很麻烦的，很多时候使用微分求解比较快。

【微分】

$y=-2x^2-4x-1$

$y'=-4x-4$

令 $y'=0$ 的话，$-4x-4=0$ $\therefore x=-1$

$x=-1$ 时，$y=-2\cdot(-1)^2-4\cdot(-1)-1$

$=-2+4-1=1$

$\therefore$ 顶点是 $(-1,1)$

$x=-1$

斜率

$y'=0$

【完全平方法】

$y=-2x^2-4x-1$

$=-2(x^2+2x)-1$

$=-2(x^2+2x+1-1)-1$

$=-2(x^2+2x+1)+2-1$

$=-2(x+1)^2+1$

$x=-1$ 时，$(x+1)^2=0, y=1$

$\therefore$ 顶点是 $(-1,1)$

使用微分很方便喔!

Q $y=\frac{1}{3x^3}-\frac{3}{2x^2}+2x$ 的图形是怎样的?

▼

A 如下图所示的 S 形图形。

用微分来求解的话，

$y'=x^2-3x+2$

$=(x-1)(x-2)$

$x=1$、2 时 $y'=0$，斜率为 0，切线为水平线。

当 $2<x$ 时 $y'>0$，斜率为正，切线为斜向右上直线

当 $1<x<2$ 时 $y'<0$，斜率为负，切线为斜向右下直线

当 $x<1$ 时 $y'>0$，斜率为正，切线为斜向右上直线

做成以下表格的话，y' 的正负和增减状况就很容易理解。

把它画成图的话，就是 S 形曲线。几乎所有 3 次函数的图形都是 S 形曲线。

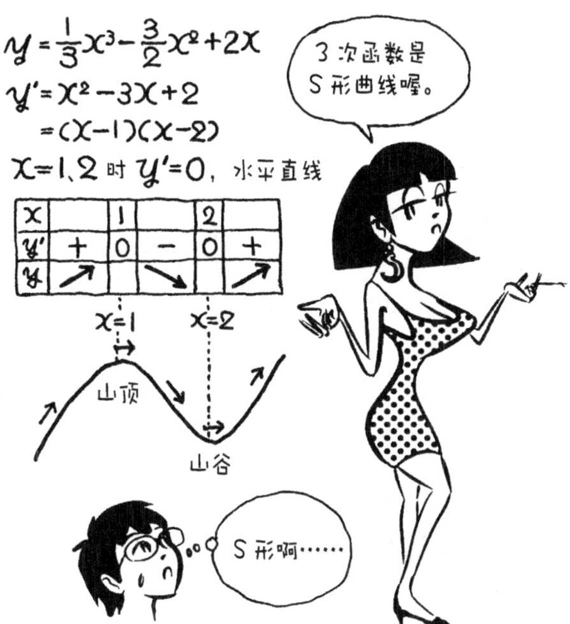

Q $y=\frac{1}{4}x^2-\frac{1}{2}x^2$ 的图形是怎样的？

▼

A 如下图所示的 W 形图形

用微分来求解的话，

$$y'=x^3-x$$
$$=x(x^2-1)$$
$$=x(x+1)(x-1)$$

$x=-1$、0、1 时 $y'=0$，斜率为 0，切线为水平直线。

做成以下表格的话，y' 的正负和增减状况就很容易理解。

把它画成图的话，就是 W 形曲线。几乎所有 4 次函数的图形都是 W 形曲线。

Q $y=\sin x$ 微分之后是多少？

▼

A $y'=\cos x$

sin 微分之后就是 cos。把这个记住吧。

sin 图形上各点的斜率就是该点 x 的 cos 值。sin90°、sin270° 的时候，sin 的微分值 cos90°、cos270° 是 0，所以图形在那个点是水平的。因此，那个点是山顶或者山谷。图形如下图所示，是有名的 S 型曲线。

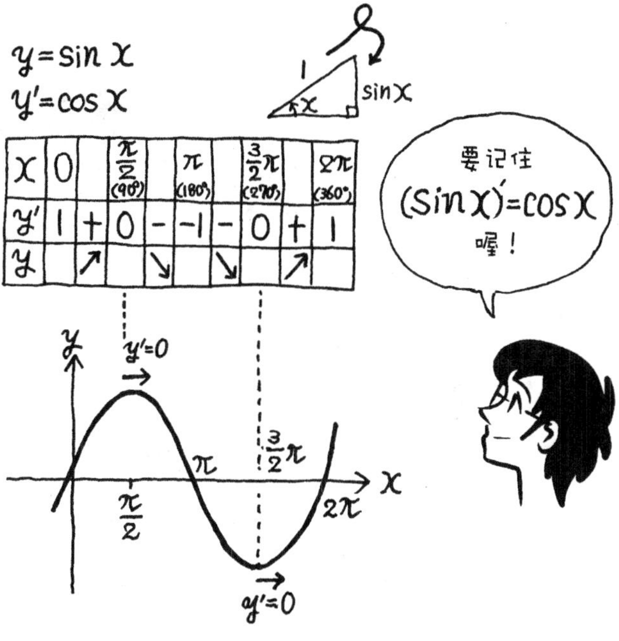

$y=\sin x$

$y'=\cos x$

x	0		$\frac{\pi}{2}$ (90°)		π (180°)		$\frac{3}{2}\pi$ (270°)		2π (360°)
y'	1	+	0	-	-1	-	0	+	1
y		↗		↘		↘		↗	

要记住
$(\sin x)'=\cos x$
喔！

Q $y=\cos x$ 微分之后是多少？

▼

A $y'=-\sin x$

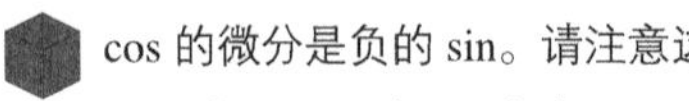

cos 的微分是负的 sin。请注意这里要加上负号。

$x=0$ 时 $y'=0$，到 $x=\pi$ 为止 $y'<0$。在靠近 y 轴的位置，斜率是负的，图形是斜向右下的。

cos 的图像如下图所示。sin 的图形是从原点开始的，而 cos 的图形是从 1 开始的。

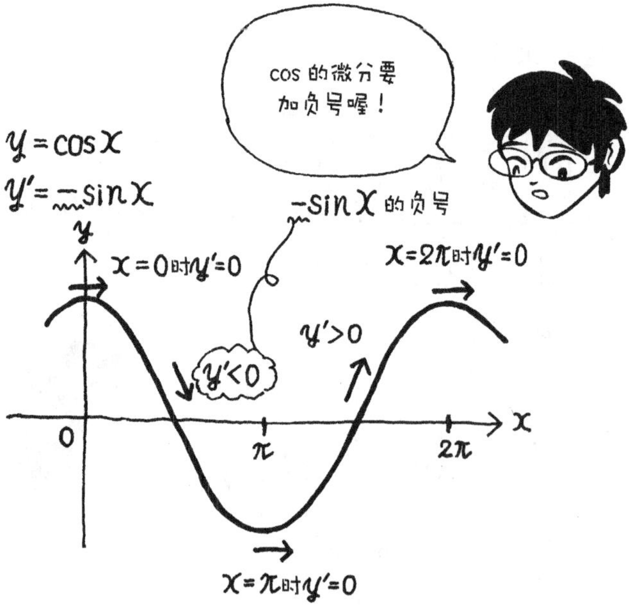

Q $y=\tan x$ 微分之后是多少？

▼

A $y=1/\cos^2 x$

tan 的微分是 cos 的平方分之一。因为是平方，所以不会变成负值。得到的是斜率总为正值，斜向右上方的图形。

tan 的图形如下图所示，是斜向右上方的图形。

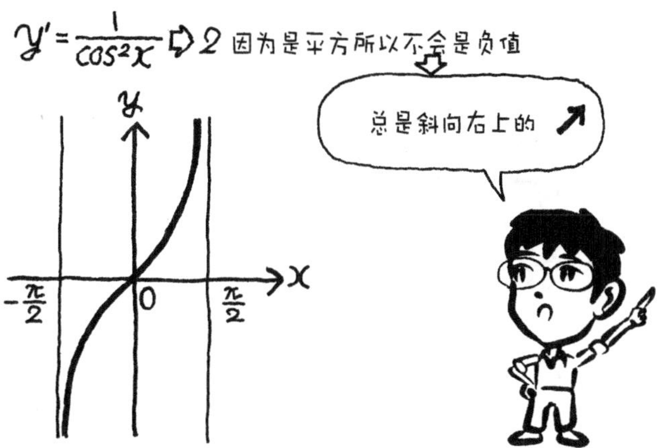

Q　1　高 y、宽 Δx 的长方形面积是多少?

2　高 y、宽 dx 的长方形面积是多少?

▼

A　1　长方形的面积 = 高 × 宽 =$y\times\Delta x$

2　长方形的面积 = 高 × 宽 =$y\times dx$

积分的基础应用是求长方形的面积。令 x 的变化量为 Δx，宽为 Δx 高为 y 的时候，面积是 $y\times\Delta x$。

Δx 是 x 的变化量，dx 是 x 的微小变化量。考虑的是极其小的宽度。这种情况下也是长方形的面积 = 高 × 宽，等于 $y\times dx$。

这个，高 × 宽 =y × dx 的形式，好好记住吧。

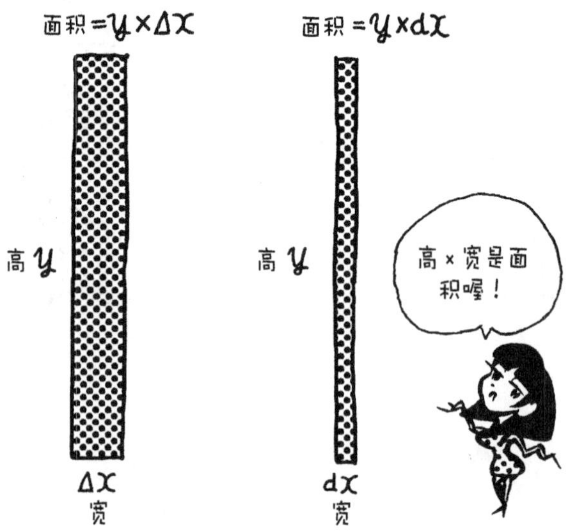

Q 1　高 3、宽 1 的长方形，高 4、宽 1 的长方形，高 5、宽 1 的长方形的面积的总和是多少？

2　Q1 那样的长方形面积之和，用一般性的式子来表示的话会是什么样？

▼

A 1　面积 =（高 × 宽）之和

$=(3\times1)+(4\times1)+(5\times1)=3+4+5=12$

2　面积 $=\sum(y\times\Delta x)$

因为高度随着 x 的位置变化而变化，所以用变量 y 来表示。若令长方形的高为 y、宽为 Δx 的话，各个长方形的面积可用 $y\times\Delta x$ 求得。Σ(sigma)是表示总和(相加起来)的符号。因为是把 $y\times\Delta x$ 加起来，所以得到的是 $\sum(y\times\Delta x)$。

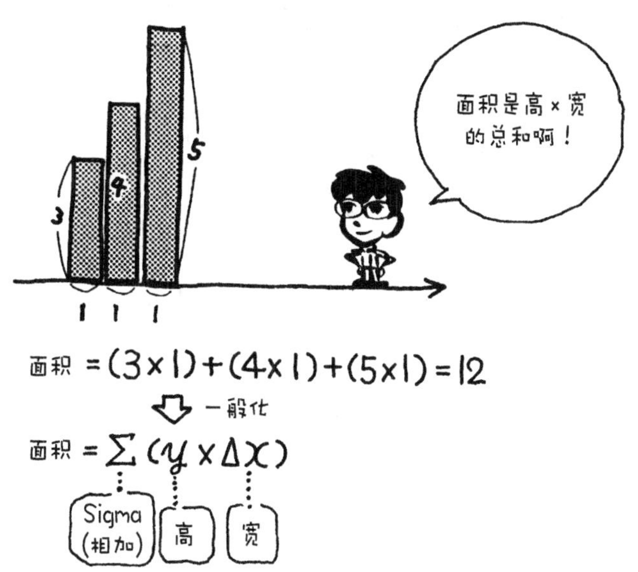

Q 把前一问的面积 =Σ ($y\times\Delta x$) 中的宽度 Δx 替换成微小宽度 dx 的话，会成什么样呢?

▼

A 面积 =∫ ($y\times$ dx)

Σ (sigma) 是表示不连续的对象之和的记号。把宽度分为无限小的微小宽度 dx 的话，y 就会连续变化。这种时候的总和，不用 sigma (Σ) 而用 integral (∫)。

∫ 是积分的记号。如此这般，积分可以考虑为分割开来的无数个长方形的面积之和。

因为 y 有可能是负值，所以正确的说是带有符号的面积。

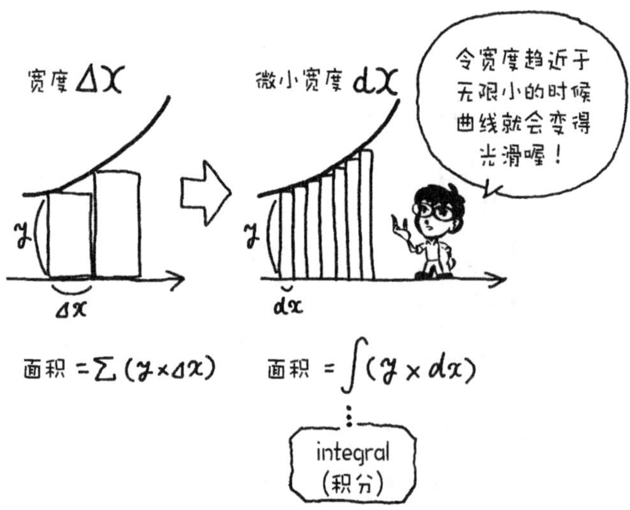

Q　1　从 $y=-1$ 到 $y=3$ 的高是多少？

2　当 $y=f(x)$ 的图像为正时，图上点到 x 轴的高是多少？

3　当 $y=f(x)$ 的图像为负时，图上点到 x 轴的高是多少？

4　当 $y=f(x)>y=g(x)$ 时，$g(x)$ 到 $f(x)$ 的距离是多少？

▼

A　从 y 轴的标高上来考虑的话，就变得很简单了。x 轴的标高为 0。高度就是求标高的差。

1　高度 $=3-(-1)=4$

2　高度 $=f(x)-0=f(x)$

3　高度 $=0-f(x)=-f(x)$

4　高度 $=f(x)-g(x)$

积分就是所有高 × 宽加起来。这个时候，因为要考虑一下高，所以把标高差作为高就会很容易地记住。

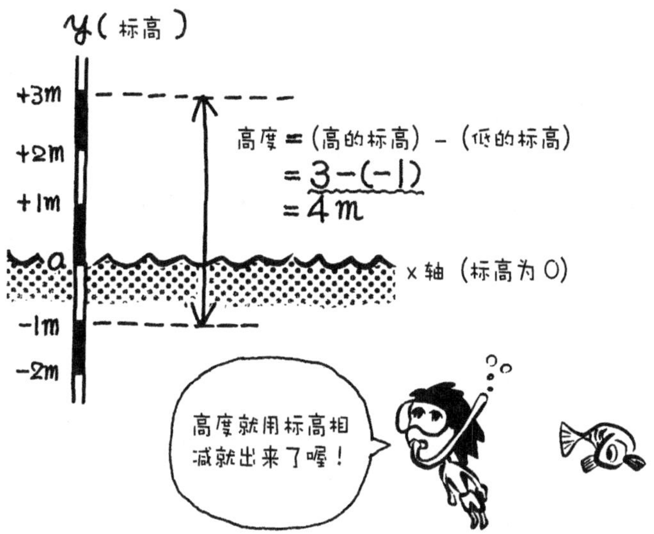

Q x 从 2 到 3 之间，$y=f(x)$ 与 x 轴所围成的面积如何用式子表示?

▼

A 面积 $=\int_2^3 f(x)\,dx$

x 点所在的长就是 $y=f(x)$。微小的宽 dx 的长方形面积是

长方形面积 = 长 × 宽 $=f(x)\times dx$

从 2 到 3 之间的面积累加起来，就是上述积分的式子。这也就是已经明确指出 2~3 的区间进行积分的运算叫做定积分。区间不明确的积分成为不定积分。不定积分就是定积分的前身。

定积分→面积

不定积分→定积分的前身

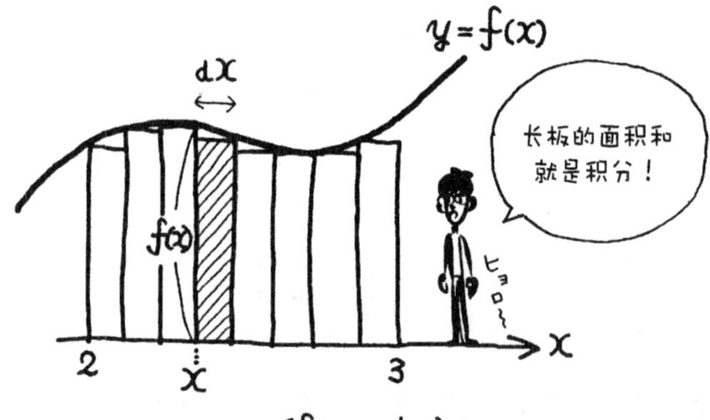

2 到 3 的面积 $=(f(x)\times dx)$ 从 2 到 3 相加

$$=\int_2^3 f(x)\,dx$$

2~3 之间的全加起来的意思

Q $\int(2x)\,dx=?$

▼

A x^2+C（C 是常数）

积分的计算是微分的逆运算。即使不记得积分的公式，从微分之后是原来的式子也可以马上得知。

x^2 的微分是 $2x$，常数的微分是 0。因此，微分之后变成 $2x$ 的式子，就可以知道是 x^2+C。

积分运算之后，一定要微分检验一下是不是原来的式子。

Q $\int(x^2+x+1)\,dx=?$

▼

A $1/3x^3+1/2x^2+x+C$

x 的 2 次方的积分，首先要把 2 次方增加 1 变成 3 次方。第二步，还要除以 3，所以是 $1/3x^3$。微分是它的逆运算，把 3 提到前面然后把 3 次方变成 2 次方，就是 x^2。

所以，每次进行积分之后，都要进行微分来验算一下。积分时从微分的角度来考虑、计算的话，就不用背积分的公式了。

x 的积分，首先是 1 次方增加 1 变成 2 次方。接着，还要除以 2，所以是 $1/2x^2$。$1/2x^2$ 的微分是 x，这就 OK 了。

1 的积分就是 x。因为 x 的积分是 1，微分的逆运算。

一般来说，可以加上 C。常数的微分是 0。因此，C 可以是 1 是 2 是 3，什么都可以。无论 C 是什么常数，微分之后都是 0，变回原来的式子。

把以上的全部加起来，就是 $1/3x^3+1/2x^2+x+C$。

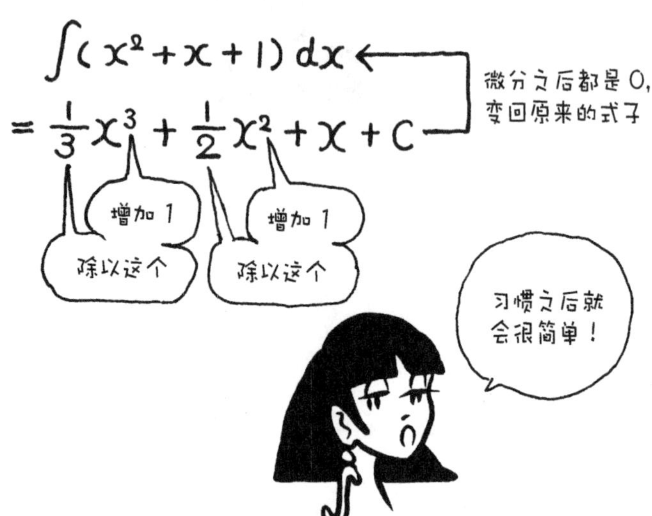

Q $\int_1^2 x^2 dx=?$

▼

A 7/3

首先，先把式子积分出来，然后再放在 [ ] 中。

$=[1/3x^3]_1^2$

然后，用 2 代入得到的值减去 1 代入后得到的值，就是定积分的值。代入 2 得到的值是在 0~2 之间图像与 x 轴围成的面积，代入 1 得到的值是在 0~1 之间图像与 x 轴围成的面积，相减就是求得 1~2 之间的面积。

$=(1/3 \cdot 2^3)-(1/3 \cdot 1^3)$

$=8/3-1/3$

$=7/3$

代入数值的时候，无论是代入全体式子计算，还是一个一个分别代入计算，相减的方法并无不同。以下的方法计算起来比较方便。

$=1/3(2^3-1^3)$

$=1/3(8-1)$

$=7/3$

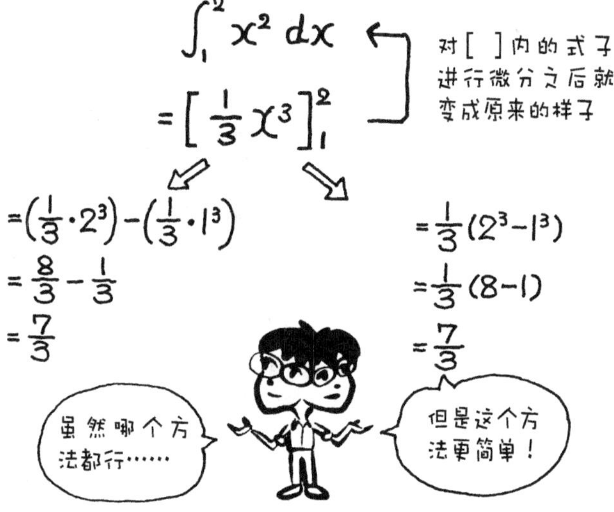

Q $\int_1^2 (x^2+1)\,dx=?$

▼

A 10/3

首先，把积分之后的式子放入 [ ] 中。这个时候就没有必要写 C。因为定积分中的 C 最后都会变成 C–C 消掉。

$=[1/3x^3+x]_1^2$

然后，分别把 2、1 代入 x^3 和 x，再相减。

$=1/3(2^3-1^3)+(2-1)$

$=7/3+1$

$=10/3$

这就表示的是 x 在 1~2 之间，抛物线 $y=x2+1$ 与 x 轴所围成的面积。也就是说，它是 $y=x^2+1$ 上的点到 x 轴的高度与微小量 dx 相乘的产物相加起来的和。

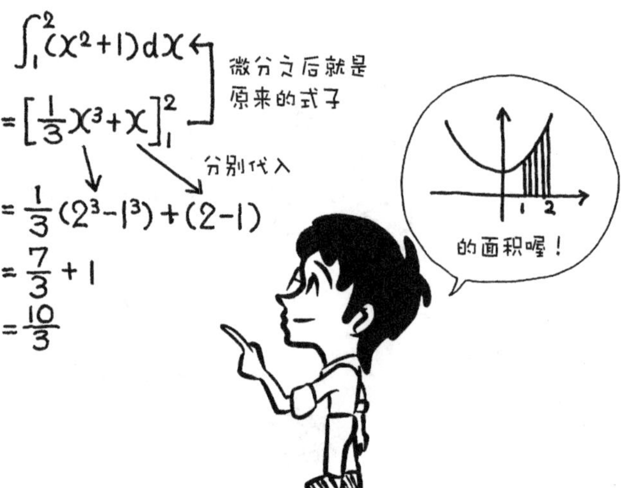

Q 从 0 到 1 的区间内，$y=x^2$ 和 $y=x-1$ 所围成的面积是多少？

▼

A 5/6

在 0~1 的区间内，$y=x^2$ 的图像是在上方。正如下图所示，把它们看作细长的长方形来考虑的话，就可以计算长方形的高，即标高差了。

因为是 $y=x^2$ 和 $y=x-1$，所以标高差是它们相减，也就容易理解了。

高 $=x^2-(x-1)=x^2-x+1$

细长的长方形面积 $=(x^2-x+1)\times dx$

因为面积是从 0 到 1 连续相加的和,就可以列出下面那样的定积分。

$$
\begin{aligned}
\text{面积} &= \int_0^1 (x^2-x+1)\,dx \\
&= [1/3x^3-1/2x^2+x]_0^1 \\
&= 1/3(1^3-0^3)-1/2(1^2-0^2)+(1-0) \\
&= 1/3-1/2+1 \\
&= 5/6
\end{aligned}
$$

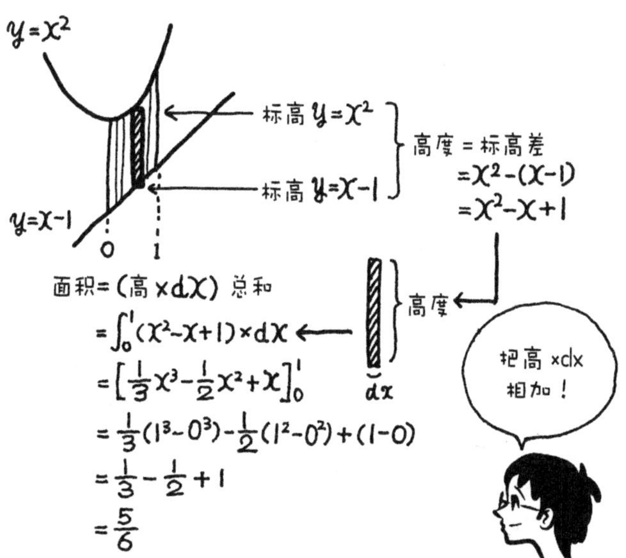

Q 底圆半径为 r、高为 h 的圆锥体积是多少？

▼

A $1/3\pi r^2h$

因为圆锥体积是$\frac{1}{3}$ × 底圆面积 × 高，
圆锥体积 =$1/3\times(\pi r^2)\times h=1/3\pi r^2h$

这个可以想办法从积分的角度把它算出来。如下图所示，把圆锥横放，因为斜率是 r/h，可以求得从顶点开始，x 点所在半径的大小，因此

x 点所在圆的半径 $=r/h\cdot x$

x 点所在圆的面积是

x 点所在圆的面积 = 圆周率 ×（半径）$^2=\pi\left(\frac{r}{h}\cdot x\right)^2$

这个圆的面积乘以微量 dx，就是以 dx 为高的圆盘的面积

以 dx 为高的圆盘的面积 $=\pi\left(\frac{r}{h}\cdot x\right)^2\times dx$

从 0~h 的圆盘体积叠加起来，就是圆锥的体积。这也就是 0~h 的定积分。

圆锥的体积 $=\int_0^h\pi\left(\frac{r}{h}\cdot x\right)^2\times dx=\pi\left(\frac{r}{h}\right)^2\int_0^h x^2dx=\pi r^2/h^2\left[\frac{1}{3x^3}\right]_0^h$

$=\frac{\pi r^2}{h^2}\cdot\frac{1}{3h^3}=1/3\pi r^2/h$

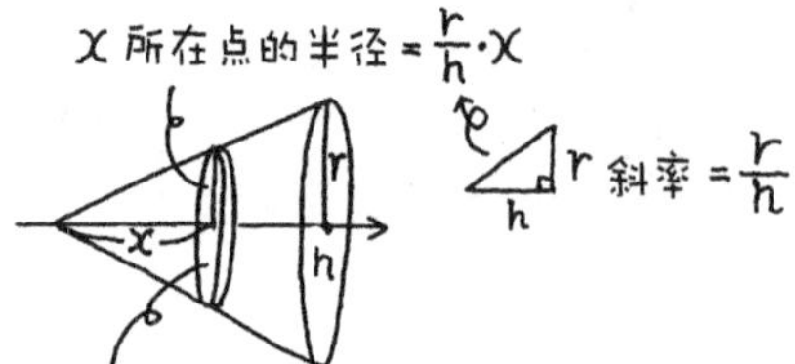

这个圆的面积 $S(x)=\pi\left(\frac{r}{h}x\right)^2=\frac{\pi r^2}{h^2}\cdot x^2$

很薄的圆盘体积 $=S(x)\times dx=\frac{\pi r^2}{h^2}\cdot x^2\cdot dx$

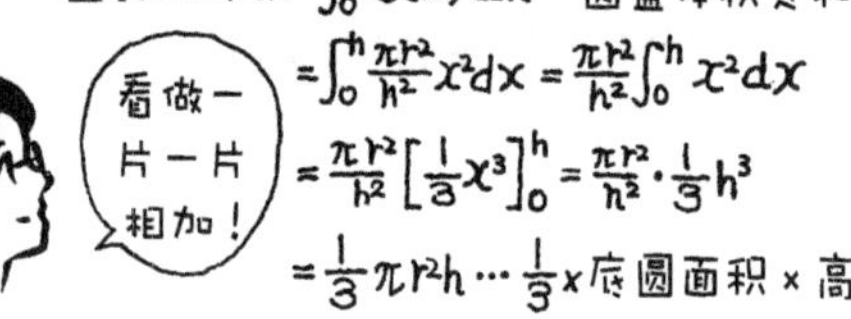

Q 前项中若 x 点面积用 S(x)代替的话，S(x)和体积的关系是什么?

▼

A y=S（x）的图像和 x 轴所围成的面积就是体积。

S（x）就是所在 x 点的对应的值，这个值乘以微小宽度 dx 的产物，就是细长的长方形的面积。

细长的长方形的面积 = 长 × 微小的宽 =S（x）× dx

从 0~h 的积分集合 =$\int_0^h S(x)\,dx$

如下图所示，细长的长方形的面积 =S（x）× dx，也就是相当于在 x 点所在的非常薄的圆盘体积。这些圆盘的体积之和就是圆锥的体积。这就相当于 0~h 的面积之和。

对于积分，最基本的就是图像与 x 轴所围成的面积。这个面积可以由无限个细长微小的长方形面积加起来求得。而这次细长的长方形面积之和只是相当于圆盘的体积而已。

因为长方形的高是 S（x），把它乘以微小宽度 dx，也就是十分薄而微小的体积。并且，高度的式子的含义不同，长方形的面积的含义也发生改变，但是积分即图像面积是不会改变的。

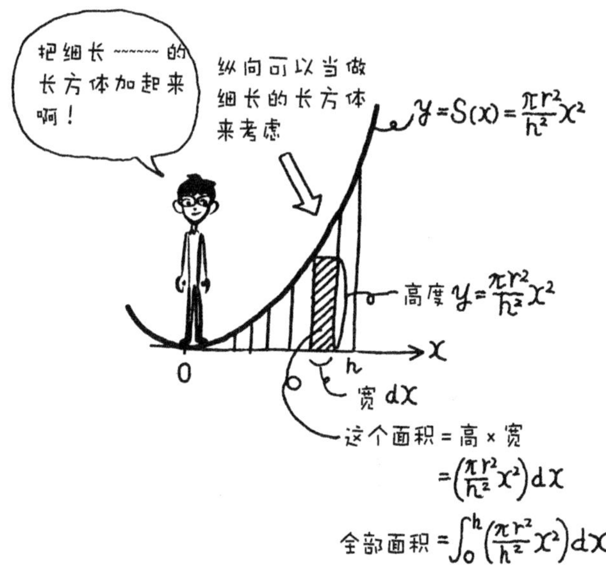

原口秀昭

1959年出生于东京都，1982年毕业于东京大学建筑学科，1986年东京大学硕士研究生课程结业，现任东京家政学院大学居住学科教授。

撰写有《20世纪住宅-空间构成的比较分析》（鹿岛出版会）、《路易斯·I·康的空间构成：图说20世纪的建筑大师》（彰国社）、《一级建筑师考试超级记忆技巧》（彰国社）、《二级建筑师考试超级记忆技巧》（彰国社）、《结构力学的超级计算方法》（彰国社）、《建筑师考试：建筑法规的超级解读技巧》（彰国社）、《漫画结构力学入门》（彰国社）、《漫画环境工程学》（彰国社）、《图解建筑知识问答系列》（彰国社，含《建筑数学、物理学教学》、《钢筋混凝土结构入门》、《木结构建筑入门》、《建筑设备》）等多本著作。